부
처
의

말

CHOYAKU BUDDHA NO KOTOBA by Ryunosuke Koike
Copyright ⓒ 2011 by Ryunosuke Koike
Original Japanese edition published by Discover 21, Inc., Tokyo, Japan
Korean translation rights arranged with Discover 21, Inc. through
InterRights, Inc., Tokyo
and Publishing Language Service Agency, Seoul.

KI신서 3334

부처의 말

1판 1쇄 발행 2011년 5월 15일
1판 4쇄 발행 2011년 6월 23일

지은이 코이케 류노스케 **옮긴이** 양영철 **감수** 김재성
펴낸이 김영곤 **펴낸곳** (주)북이십일 21세기북스
출판콘텐츠사업부문장 정성진 **생활문화팀장** 김선미 **기획편집** 김순란
영업마케팅본부장 최창규 **영업** 이경희 우세웅 박민형 **마케팅** 김보미 김현유 강서영
출판등록 2000년 5월 6일 제10-1965호
주소 (우413-756) 경기도 파주시 교하읍 문발리 파주출판단지 518-3
대표전화 031-955-2100 **팩스** 031-955-2151
이메일 book21@book21.co.kr **홈페이지** www.book21.com
트위터 @21cbook **블로그** b.book21.com

값 13,000원
ISBN 978-89-509-3090-5 13400

그 행복이 깊다

부처의 말

생생하게 살아있는
부처의 가르침을
코이케 스님의 초역으로 읽는다

코이케 류노스케 지음
양영철 옮김 ― 김재성 감수

21세기북스

서문

'집어치워 버릴까.'
이렇듯 포기하고 싶을 때가 있을 것이다.
때로는 좌절하고 싶을 때도 있을 것이다.
'아~, 어쩌나.'
이런 걱정 때문에 가슴이 두근거릴 때가 있을 것이다.
때로는 나쁜 유혹에 넘어가고 싶을 때도 있을 것이다.

이처럼 무심결에 마음이 약해지려고 할 때 우리는 피할 수 없는
선택의 갈림길에 놓이곤 한다. 그럴 때마다 나는 이 책 160~
162쪽의 '칠불통계게(七佛通誡偈)'나 167~170쪽의 '정승경(征勝經)'
이나 192~195쪽의 '자비경(慈悲經)'을 읊조리면서 극복할 수 있
는 힘을 얻곤 했다.
마찬가지로 여기에 담긴 매우 간결하면서도 핵심을 관통하는
부처의 메시지는 여러분에게도 분명 힘과 용기를 줄 것이다.
그만큼 내가 이 책을 쓴 의도는 매우 단순하다. 독자들이 이 책

을 손에 들고, 어떤 페이지를 무심코 펼쳤을 때, 거기에 적혀있는 부처의 말이 마음속에 스르륵 스며들었으면 좋겠다는 것이다. 그래서 독자들을 좋은 방향으로 나아가게 하는 바람이 불었으면 한다.

마음속에 용기의 바람이 불거나, 혹은 고요함이 생기거나, 혹은 깨달음이 생기거나, 또는 얽매이던 것에서 손을 놓고 마음의 평온을 찾거나, 혹은 분노의 불이 꺼지는 효과가 난다면, 이것이야말로 이 책이 진정으로 의도한 목적이다. 그러므로 '학문적 의의'나 '깊이'나 '공부'를 바라고 이 책을 읽지는 않기를 바란다. 그저 깨달음을 얻은 부처의 메시지, 즉 우리의 마음 속 깊은 곳까지 전해지는 말에 순수하게 귀를 기울여주길 바라는 마음이다.

사실 부처의 말은 가식이 없고 알기 쉽다. 그래서 복잡하고 까다로운 마음으로 받아들이려 하면 아무런 울림도 느끼지 못한다. 그러나 여유롭고 순수한 마음으로 페이지를 넘긴다면, 읽을 때마다 마음속에 새로운 바람이 불어와 좋은 방향으로 등을 떠밀어줄 것이다. 소리 내어 부처의 말을 읊조리는 것도 이 책을 음미하는 좋은 방법이다.

이 책에서 말하는 부처의 말은, 부처가 살아온 고대 인도에서 활약하던 때의 어록들을 제자들이 암기하거나 암송해서 전해온 것들이다. 이렇게 오래된 경전들 중에는 고등학생에서 할머니, 할아버지 세대까지 모두 이해할 수 있는 내용들이 많다. 나는 그런 내용들 중에서도 특히 마음에 드는 구절들을 선정해서 '초역(超譯)'을 했다. 어조 역시 다양한 연령대의 독자들이 쉽게 읽을 수 있도록 신경을 썼다.

원래 이들 어록에는 부처의 말을 직접 듣는 상대가 있었다. 즉 어록은 부처의 시자(侍者)이기도 한 '아난다(阿難)'을 비롯해 수많은 사람들과의 대화를 모아놓은 것이기도 하다. 이 때문에 '아난다여!'라든가, '아투라여!'라든가, '키사고타미여!'와 같이, 부처가 제자들에게 말을 거는 경우도 많다. 하지만 독자들이 '아난다에 관한 이야기는 나와는 관계없는 일이야'라는 생각이 들지 않게 하려고, 듣는 사람 모두를 '당신'이라는 2인칭으로 통일했다. 나름 부처와 대화를 나누는 듯한 분위기가 느껴지도록 의도한 것이다.

부처의 말을 선정함에 있어서는 오래된 경전들 중에서 특히 짧은 구절의 보고라 할 수 있는 '소부경전(小部經典: 쿳타까니까야)'에 수록된 '법구경(法句經: 담마파다)'과 '경집(經集: 숫타니파타)'을 중심으로 했다. 그러면서 '중부경전(中部經典: 맛지마니까야)', '장부경전(長部經典: 디가니까야)', '상응부경전(相應部經典: 쌍윳타니까야)', '증지부경전(增支部經典: 앙굿따라니까야)' 등과 같이 다소 긴 내용의 경전들도 채택했다.

다만 이들 말의 대부분은 부처가 직접 가르친 제자들 중에서도 출가한 수행자들에게 설법한 내용이다. 그런 이유 때문에 문자 그대로를 번역하면 우리 현대인들에게는 너무 엄격하거나 감각에 맞지 않는 내용들도 다수 있다. 따라서 나는 구절의 핵심은 보존하면서도 그 차이를 잘 메워 현대인들도 이해하기 쉽게 하려고, 과감하게 말씀을 생략하거나 혹은 내 나름의 발상을 덧붙여서 조금씩 수정을 하기도 했다. 그 결과 경우에 따라서는 원형이 변해 '초역(超譯)'이 된 부분도 있다는 점을 미리 언급해두고자 한다.

이 초역에 있어서는 고대 인도의 마가다국의 방언이라고 여겨지는 '팔리어'라는 원어를 참조했다. 또한 주로 영어판과 20세계 초에 일본에서 완역된 '남전대장경(南傳大藏經)' 그리고 이와나미 문고에 수록된 나카무라 하지메 선생의 번역 등의 도움을 받았다.

이 책의 구성을 설명하자면, 선택한 190가지의 구절을 12가지의 주제로 분류해 1장부터 12장까지 만들었다. 대체로 앞쪽에 배치된 장일수록 극히 일상적인 마음 상태나 가벼운 주제를 다룬다. 즉, 마음이 어지럽고 짜증이 많은 현대 사회에서 행복감을 한순간에 파괴하는 '분노'라는 독소를 잠재워줄 이야기들을 첫 장에 오도록 했다. 물론 반드시 1장부터 읽을 필요는 없다. 하지만 먼저 '분노'의 독소를 맑은 물로 씻어내었으면 하는 바람이다. 그와 대비해서 후반부로 갈수록 일반적인 세계관이나 인간관의 상식을 벗어난 내용들이 전개되도록 했다. 여기서 말하는 상식은 상식이라는 이름의 세뇌를 뜻한다. 상식을 거슬러서 그 힘을 약화시키는 것은, 마음의 때를 벗고 깨끗한 마음을 만들어가는 과정이기도 하다. '죽음'에 관해서 다루는 마지막 장이 좋은 예라고 할 수 있다.

인간이 생물체인 이상 DNA에는 '어떻게든 삶을 더 연장해야 한다.'는 생존 본능이 새겨져 있다. 그래서 사람은 '더 오래 살고 싶다. 더 즐기고 싶다. 좀 더 좀 더!'와 같이, 상식이라는 미명하에 생존이나 이익을 방해하는 것에는 무의식적으로 공격하고 싶은 충동을 반복적으로 느낀다.

'어쨌든 살자, 어쨌든 즐기자.'라는 DNA의 명령에 대해 '아니야. 나도 언젠가는 반드시 죽게 돼 있어.'라는 엄연한 진리를 일깨워주는 것은, 인간의 생존 본능에 대한 해독제가 될 것이다. '아아, 분명 나도 죽는다.'라는 진리가 몸과 마음에 스며들게 되면, '살아야 하니까 좀 더 좀 더, 남의 것을 빼앗아서라도 쾌감을 쫓아라!'라고 명령하는 DNA의 힘을 약화시킬 수 있을 것이다. 이때 비로소 우리의 마음은 마차를 끄는 말처럼 폭주를 멈추고, 자유를 찾게 되며, 안정감과 평온 속에서 한숨 돌리게 된다. 혹은 보통의 행복을 재발견할 수 있을 것이다.

부처의 본명은 '고타마 싯다르타'이다. 그는 석가 족의 왕자로 태어나 석가(釋迦) 혹은 석존(釋尊)이라 불렸다. 그래서 나는 부처가 어디까지나 인간으로서 임종 직전에 남긴 깨달음들을 이 책을 통해 전하려고 한다.

또한 여기에 초역한 '경집(숫타니파타)' 등의 오래된 경전에서도 이미 부처를 신격화하거나 너무 위대한 '교조(敎祖)'처럼 추대하는 표현이 여러 번 등장한다. 이런 표현은 '불교'라는 조직을 만들고 권위를 부여하려는 목적으로 부처의 제자들에 의해 '위조'된 것으로 간주하고, 이 책에서는 제외하거나 잘라내었음을 밝힌다.

'결코 나에게 의존하는 일 없이 당신 자신의 감각을 의지처로 삼아라.'라고 제자들에게 설법해온 부처의 뜻에 충실하려면, 부처를 떠받들려고만 해서는 안 될 것이다. 중요한 것은 우리가 부처의 메시지를 어떻게 실천할 것인가이다. 숭배의 대상도, 의존의 대상도 아닌, 단순히 2500년 전에 이 세상에 태어났다가 떠난 한 사람의 스승이 전하는 깨달음으로써…….

그러면 이제부터 마음을 열고 '부처의 말'을 들어보도록 하자.

코이케 류노스케

감수의 말

코이케 스님은 마치 친한 선배가 들려주듯이 현대인의 감각으로 '부처의 말'을 엮어내었다. 그만큼 이 책은 인생의 선배이자 멘토로서 부처를 다시 살려내어, 인생의 다양한 문제에 빠져 고뇌하고 있는 현대인에게 '무엇 때문에 그렇게 괴로워하나, 내 말 좀 들어보게'하며 말을 건넨다.

코이케 스님이 이미 서문에서 잠시 언급했듯이, 이 책은 평범한 모두를 위한 것이다. 그래서 불교 전공자가 이 책을 보면 '뭐, 이렇게까지 의역할 필요가 있을까?'라는 생각이 바로 들지도 모른다. 하지만 초역(超譯)이라는 단서가 붙은 이 책은 '부처의 고상한 말씀을 어떻게 현대인에게 도움이 되고 소화될 수 있는 말로 되풀어낼까?'라는 고민이 고스란히 담겨있다. 그래서 저자의 이러한 노고는 독자에게 부처의 메시지를 더욱 가까이 다가 오게 할 것이라고 확신한다.

한글 번역을 감수하면서 역자의 노고에도 많은 고마움을 느꼈다. '부처의 말'을 '멘토의 조언'으로 풀어낸 코이케 스님의 감각을 통해, 새롭게 만나는 부처의 말에서 인생의 진정한 길이 무엇인지 확신하는 계기가 되기를 바란다.

목차

제 一 장

화내지 않는다

만약 누군가에게
불쾌한 일을 당했다면

만약 당신이 경쟁자로부터 불쾌한 일을 당해 울적해하거나 낙담한다면, 그 모습을 본 경쟁자는 '꼴 좋군.'이라며 웃고 기뻐할 것이다.

그런 까닭에 진정한 손익을 아는 사람은 어떤 불쾌한 일을 당하더라도 한탄하거나 분개하지 않고 평정심을 유지한다. 그러면 이전과 다름없이 평온한 상태인 당신의 표정을 본 경쟁자는 '쳇, 멀쩡하잖아.'라며 실망할 것이다.

얄궂게도 경쟁자를 고민하게 만드는 최고의 방법은 화를 내지 않고 밝은 모습을 유지하는 것, 단지 그뿐이다.

-증지부경전

만약 누군가의
노여움을 사게 되었다면

화를 내는 싫은 사람에 대해 '쳇, 그렇게까지 화를 낼 필요는 없잖아.'라며 울컥하는 분노를 느낀다면, 당신은 이미 악행을 저지른 것이나 다름없다.

화를 내는 사람에 대해 분노를 느끼지 않고 끝낼 수 있어야 강적과 싸워 승리할 수 있다.

다른 사람의 분노에 직면했을 때, 가장 먼저 깨달아야 할 것은 당신 자신의 마음까지 분노로 물들 수 있다는 점이다. 이를 빨리 깨닫고 침착해지도록 하라. 그러면 당신도 상대방도 마음을 다치지 않을 수 있다.

당신이 상대의 분노를 온화한 마음으로 살포시 받아들일 때, 서로 간의 분노는 잦아들고 마음도 치유될 것이다.

―상응부경전

만약 누군가가
험담을 했다면

만약 누군가가 당신에 대해 험담을 해서 상처를 받았다면, 한 번 곰곰이 생각해보라. 이 험담이라는 녀석은 어느 날 갑자기 나타난 것이 아니라, 원시시대부터 줄곧 우리와 함께 해왔다는 사실을.

이 녀석은 말수가 적고 과묵한 사람은 '뚱하다'고 헐뜯고, 이야기를 많이 하는 사람은 '수다쟁이'라며 비난하고, 예를 갖춰 말하는 사람에게조차 '다른 꿍꿍이가 있는 게 아닐까'라며 악평을 흘린다.

−법구경 227

험담을 듣지
않는 사람은 없다

이 세상의 그 어떤 사람도, 어딘가에서 누군가에게 노여움을 살
수 있다.
어쩌면 누군가에게 험담을 듣는 것은 당연한 일일지도 모른다.
예전에도, 지금도, 앞으로도, 그것은 당연한 일이기 때문에 험
담 같은 건 시원하게 흘려보내는 것이 좋다.

-법구경 228

분노의 발화

'저 사람이 내 욕을 했어.'
'저 사람이 내 마음에 상처를 줬어.'
'저 사람이 날 따돌렸어.'
'저 사람이 내 이익을 뺏어갔어.'
이런 식으로 마음속에서 분노를 만들고, 끊임없이 이런 행동을
반복한다면, 상대에 대한 원한은 영원히 잠잠해지지 않고, 그 생
각이 떠오를 때마다 분노의 불길이 타올라 마음 편할 날이 없다.

-법구경 3

분노의 반복에서 벗어나라

'저 사람이 나를 욕했어.'
'저 사람이 내 마음을 짓밟았어.'
'저 사람이 나를 가차없이 이겨버렸어.'
'저 사람이 내 아이디어를 훔쳤어.'
이런 식의 분노의 발화를 멈추고 반복되는 감정에서 벗어난다
면, 원망은 잦아들고 마침내 마음도 편해질 것이다.

－법구경 4

'분노'라는 요리를 먹지 말고 집으로 돌아온다

당신이 가까운 친구나 지인을 저녁식사에 초대해서 손수 음식을 만들어 접대하려고 했다. 그런데 공교롭게도 그들은 볼일이 있다며, 모두 금세 돌아가 버렸다. 테이블 위에는 접시에 담겨진 요리가 손도 대지 않은 채로 잔뜩 남아있다. 당신은 모두가 돌아간 후에 홀로 남아 외롭게 음식을 먹게 되었다.

이와 같이 누군가가 당신을 분노하게 만들거나 공격해온다면, 이는 분노라는 독이 풍성하게 담긴 요리를 차려 당신을 저녁식사에 초대한 것과 같다.

만약 당신이 냉정함을 잃지 않고, 끝까지 화를 참아낸다면 분노라는 이름의 요리를 먹지 않고 돌아갈 수 있을 것이다.

그리고 화를 낸 사람의 마음에는 당신이 먹지 않은 독이 가득한 요리가 손도 대지 않은 채로 잔뜩 남게 될 것이다. 또한 그 사람은 홀로 분노의 요리를 먹으며 스스로 무너질 것이다.

—상응부경전

공격을 당하면 살짝 피하라

다른 사람이 당신을 공격해올 때 당신도 똑같이 반격을 가한다면, 당신의 마음속에 있는 원망도, 상대방의 마음속에 있는 원망도 잦아들지 않고 무한하게 커진다.

공격을 받더라도 '뭐, 괜찮아. 원망하지 않아.'라며 피함으로써 되돌려준다면 서로 간의 원망은 잠잠해지고 가라앉을 것이다.

이것은 영원한 진리이다.

－법구경 5

당신도 상대방도, 결국은 죽어서 이 세상을 떠난다

적대관계에 있는 누군가와 다툼이 생길 것 같으면 반드시 떠올려보도록 하라. 당신도 상대도 결국은 죽어 이 세상에서 사라진다는 사실을.

다른 사람들은 '나도 언젠가는 죽는다.'라는 진리를 망각할 수 있겠지만, 당신이 이 진리를 굳게 의식한다면 분노나 다툼은 잠잠해질 것이다.

'결국, 당신도 언젠가는 이곳에서 사라진다. 나도 머지않아 이곳에서 사라진다. 그냥 됐어.'라고 분노를 내려놓고, 평정심을 되찾기를.

—법구경 6

험담을 해서는 안 되는 이유

사람은 입 속에 날카롭게 날이 선 도끼를 갖고 태어나, 그 도끼로 다른 사람에게 상처를 입히려 한다. 하지만 사실은 자신도 모르는 사이에 자기 자신의 마음에 상처를 입힌다.

이는 다른 사람을 비난하는 험담의 도끼를 휙 하고 휘두를 때마다 가장 먼저 마음이 경직되고, 뇌 속의 신경이 불쾌한 자극을 받으며, 내장에서는 독소가 발생하고, 호흡에는 독가스가 섞이기 때문이다.

−법구경 222

사람을 괴롭혀서는
안 되는 이유

당신 역시 다른 사람에게 고통을 안겨줌으로써 스트레스를 해소하고 쾌감을 얻으려 할 때가 있을 것이다.

예를 들면 '다음엔 언제 만날까?'라는 질문에, 일부러 '아, 잘 모르겠는 걸.'이라고 대답함으로써, 상대가 불안해하거나 괴로워하는 표정을 짓게 만들고, 이를 바라보며 쾌감이라고 착각한다.

혹은 업무상 파트너의 의뢰 이메일을 오랫동안 무시하고 상대를 곤란하게 만들면서 '아이, 고소해.' 하며 쾌감을 느낀다.

이처럼 다른 사람을 곤란하게 하거나 괴롭히는 것으로 쾌감을 얻으려는 행동이 습관이 되어 몸에 배이면, 마음속에 분노의 카르마(업)가 쌓여 부정적인 생각의 틀에 갇히게 된다.

−법구경 291

당신의 분노가
상처를 주는 것은 무엇인가

상대가 누가 되었든 욱하는 분노 때문에 자아를 잃고 공격적인 말을 해서는 안 된다. 만약 그런 말을 내뱉는다면 보복의 폭탄이 되돌아올 것이다.

'당신의 우유부단한 면이 싫어.'와 같이 상대가 가장 아파할 부분을 찌른다면 그 상대에게도 분노가 전염될 것이다. 상대방 역시 '너야말로 아무것도 결정하지 못하는 주제에'라며, 가장 듣기 싫은 말로 되갚아줄 것이다.

흥분으로부터 만들어지는 말은 듣는 사람은 물론이고, 말하는 자신의 몸과 마음까지 다치게 한다.

−법구경 133

나 이외의 어느 누구도
나를 상처 입히지 않는다

당신을 싫어하는 사람이 당신에게 하는 나쁜 행동,

그것은 큰 일이 아니다.

당신을 싫어하는 사람이 당신에게 하는 집요한 괴롭힘,

그것은 큰 일이 아니다.

분노로 뒤틀린 당신의 마음은,

그보다도 훨씬 더 많이 당신에게 해롭기 때문에.

-법구경 42

분노의 사슬에서 벗어난다

'아, 더 이상은 못하겠어.'

이렇게 당신의 마음에 분노가 퍼진다면, 뇌에서 신경독소가 방출되어 몸 전체에 독성이 퍼진다. 독사에게 다리를 물렸을 때, 독이 몸으로 퍼지는 것과 마찬가지이다. 하지만 당황하지 않고 약초를 찾아 문질러주면 독이 사라져 목숨을 구하고 안도할 수 있게 된다.

마음속에서 피어오르는 분노의 독에, 평정심이라는 약초를 문질러 그 독을 없애는 일이야말로 진정으로 목숨을 구하는 일이다.

분노를 떨쳐버린 당신은, 이제 삶이라는 고통의 회전목마에서 우아하고 경쾌하게 벗어날 수 있을 것이다.

그렇다. 마치 뱀이 허물을 벗어버리는 것처럼.

—경집 1

쾌감과 불쾌감이라는
뇌내 마약을 해독한다

모든 언쟁과 으르렁거림, 진절머리나는 옥신각신.

이것들을 일으키는 원흉은 당신의 뇌 속에서 합성된 쾌감물질과 불쾌물질이라는 마약 때문이다.

말다툼에서 지거나 자신보다 뛰어난 상대를 만나거나 하면, 머릿속에서 불쾌감이라는 뇌내 마약이 분출되어 상대를 마구 헐뜯고 싶어진다.

상대가 만만해 보이거나 이길 수 있을 것 같으면, 상대를 깔보거나 '혼내줄 거야.'라는 우월감에 푹 빠지게 되어, 머릿속에서 쾌감이라는 뇌내 마약이 분출된다. 그 까닭에 덮어놓고 자신의 주장을 관철시키려 하는 것이다.

그러나 이들 '쾌감'과 '불쾌감'의 신경 경로를 억제하는 온화한 해독제를 분출해낸다면, 당신은 모든 갈등에서 자유로워질 것이다.

-경집 862, 866, 867

복수하지 않는다

마음을 보호하는 것을 잊고 있었던 까닭에, 귀가 아픈 말을 듣고 무심코 상처를 받게 되더라도, 가시 돋친 말로 되돌려주지 말기를.

자신의 내면을 응시하는 당신에게, 다른 사람을 적대시하는 일 따위는 전혀 필요 없기 때문이다.

-경집 932

상대의 잘못이 아니라
자신의 내면을 바라본다

다른 사람의 '악행'을 알게 되었다 하더라도 화를 낼 필요는 없다. 다른 사람이 저지른 일, 다른 사람이 내팽개친 일. 그런 것들은 유심히 들여다보지 않아도 된다.

그 대신 시선을 당신의 내면으로 돌려 찬찬히 응시해보라.

'나는 무슨 일을 저질러왔고 무엇을 내팽개쳐왔는가.'

—법구경 50

자존심을 순순히 내려놓는다

분노를 버릴 것.

'나는 대단한 사람이야.'

'나는 칭찬받아야 해.'

'나는 센스가 뛰어나.'

'나는 귀하게 대접을 받아 마땅해.'

당신이 이런 교만한 마음을 숨기고 있기 때문에 생각과 다른 현실에 직면할 때마다 분노의 지배를 받는 것이다. 이런 당신의 교만함을 깨닫고 그것들을 순순히 내려놓을 수 있기를.

모든 정신적 속박에서 벗어나 마음에든 몸에든 집착하지 않고, 그 어떤 것에도 매달리지 않는다면, 더 이상 화를 내는 일도, 괴로워하는 일도 없을 것이다.

−법구경 221

친구로 삼아서는 안 되는 사람 1

자주 발끈하면서 화를 잘 내는 사람.

원한을 언제까지나 잊지 않는 사람.

자신의 결점을 숨기려는 사람.

실제의 자신보다 더 좋게 보이려고 억지 친절을 베푸는 사람.

이런 사람들은 저급하다는 것을 알아두고 그들과 어울리지 않
도록.

-경집 116

친구로 삼아서는 안 되는 사람 2

어머니, 아버지, 형제자매, 파트너.

이런 소중한 가족과 친지들에게 무례하게 행동하거나, 상처가 되는 말을 하고 괴롭히는 사람은, 아무리 겉으로 '좋은 사람'인 척 연기하고, 회사나 학교에서 친절한 척해도, 저급한 사람이라는 걸 알아두고 그들과 어울리지 않도록.

—경집 125

불쾌한 상황에서도
평정심을 유지할 수 있는가?

아주 오래 전에 베데히카라는 이름의 돈이 아주 많은 여자가 있었다. 주변 사람들은 그녀를 '온화하고 친절하며 침착한 사람'이라고 평가했다. 그녀는 칼리라는 가정부를 고용하고 있었는데 칼리는 어느 날 문득 이런 생각을 하게 되었다.

'다른 사람들이 우리 주인님을 친절하다고 하는데, 마음속으로는 화를 내면서 겉으로만 티를 내지 않는 것일까, 아니면 마음속 어디에도 정말로 분노가 없는 깨끗한 사람인 걸까? 어느 쪽인지 시험해봐야겠다.'

이렇게 생각한 가정부는 다음날 일부러 늦게 일어나서 일할 시간이 한참 지난 후에야 그 집으로 갔다. 그러자 베데히카는 '지각을 하다니, 어떻게 하자는 겁니까?'라며 분노를 드러냈다. 가정부는 '아무 일도 아닙니다, 주인님'이라고 대답했다. 그러자 그녀는 '지각을 하면서 아무 일도 아니라니, 건방지군!'이라며 더욱 화를 내면서, 철봉으로 가정부의 머리를 내리쳤다. 가정부의 머리에서는 피가 철철 흘러내렸다. 이 시험의 결과, 베데히카는 기분이 나쁘지 않은 상태에서만 친절하다는 것이 밝혀졌다.

만약 불쾌한 상황에서도 화를 내지 않을 수 있다면 진정으로 '온화하고 친절하며 침착한 사람'이라고 해도 좋을 것이다.

-중부경전 '톱의 비유경(鋸喩經)'

진정으로 강한 지혜로운 사람

연인이나 친구에게서 '넌 도움이 안 돼.'라고 매도를 당해도,
나쁜 사람이 '바보 같은 놈!'이라며 때리거나 공격을 해와도,
화내거나 두려워하지 않고 평정심을 유지하며,
차분하게 대응할 정도의 인내심을 가진 사람이야말로,
강력한 군대와 같은 힘을 가진
지혜로운 사람이라고 할 수 있다.

−법구경 399

자기 안에 내재된
'그것'을 극복하라

'화를 내지 않는 것'을 무기로,
자신의 마음에 잠재된 '분노'를 극복하라.
'긍정적인 마음'을 무기로,
자신의 마음에 잠재된 '부정적인 마음'을 이겨내라.
'나눠주는 것'을 무기로,
자신의 마음에 잠재된 '인색함'을 이겨내라.
'사실만을 말하는 것'을 무기로,
자신의 마음에 잠재된 '거짓말'을 이겨내라.

―법구경 223

어떤 일이 일어나도
동요하지 않는 연습

만약 적이 당신을 덮쳐 당신의 손발을 톱으로 자르려고 한다면, 손발은 심한 고통을 느낄 것이다. 손과 발에 신체적 고통을 내보내는 신경 데이터가 입력되겠지만, 이런 고통의 데이터 때문에 마음이 반응하도록 해서 '싫어!'라고 화를 내는, 즉 반발심이 생겨난다면, 당신은 나의 제자가 될 수 없다. 나의 제자인 이상, 어느 누구에게 어떤 일을 당해도 화를 내지 않을 수 있도록 다음과 같이 연습하라.

무슨 일이 있어도 마음이 동요하지 않도록 연습하라.
분노를 폭주하게 만드는
부정적인 말을 하지 않도록 연습하라.
분노를 만들어내지 말고,
싫은 사람에게도 상냥함과 동정심으로 대하려고 연습하라.
그런 상대를 자비로운 마음으로 가득 채울 수 있도록 하고,

살아있는 모든 생물들을 적의 없는 무한한 자비심으로 충만시
킬 수 있도록 연습하라.

-중부경전 '톱의 비유경(鋸喩經)'

마음의 안전 운전자

마치 폭주하는 자동차에 올라타서 핸들을 쥐고 균형을 유지하는 것처럼, 당신이 폭주하는 분노의 생각을 통제함으로써 평정심을 유지할 수 있다면, 나는 당신을 '마음의 안전 운전자'라고 부를 것이다.

만약 당신이 분노의 생각을 통제하지 못하고 멍하게 핸들만 쥐고 있다면, 폭주하는 자동차에게 농락당하는 미숙한 운전자가 될 것이다.

−법구경 657

제 二 장

비교하지 않는다

묻지도 않았는데
자신에 대해 떠들어댈 때

자신이 얼마만큼 열심히 일을 했다거나,
자신이 이룩한 것을 떠들어대거나,
자신이 유명인과 잘 아는 사이라거나,
자신의 직업이 얼마나 대단한지를,
묻지도 않았는데 떠들어대는 사람.
당신이 그런 건방진 사람이 된다면,
사람들은 '한심하다'며 멀리할 것이다.

−경집 782

자만의 덫에 빠지지 않는다면

당신의 마음이 차분하고 조용하게 안정되어 있다면,
'내가 이걸 해줬어.' 혹은 '나는 이런 인물이야.'라며
자신이 한 일을 자랑하거나 하지 않을 것이다.
당신이 어떤 일에서 성공하더라도 자만의 덫에 빠지지 않는다면,
사람들은 당신의 마음이 깨끗하다며 우러러볼 것이다.

-경집 783

어리석은 자가 무언가를 이루면

어리석은 자는 어떤 일을 이루면, 곧바로
'있잖아, 나는 이런 걸 해냈어.'라고 말하며,
'존경받고 싶어.'
'사람들이 굽실거리게 만들고 싶어.'
'사람들이 내 비위를 맞춰줬으면 좋겠어.'
라는 물욕에 가득 찬 천박한 모습을 드러낸다.
'모두가 내가 한 일을 알아주면 좋겠어.'
'모두가 내가 말한 대로 해주면 좋겠어.'
이런 어리석은 욕구에 사로잡혀 있으면,
어리석은 자의 욕망과 오만은 뒤룩뒤룩 살을 찌워갈 것이다.

—법구경 73, 74

누구누구의 것인지를
잊어버리는 행복

'이 아이디어는 내가 원조야.'

'이건 저 사람의 아이디어로군. 졌다.'

'이건 저 녀석의 의견이니, 깎아내려야지.'

이렇게 '누구누구의 것'이라는 좁은 시선으로 세상을 바라보면,
당신의 마음은 삐걱거리며 고통받게 될 것이다.

'자신의 것'과 '남의 것' 이 두 가지를 따지지 않는다면, 비록 아
무것도 갖고 있지 않더라도, 행복한 마음으로 살아갈 수 있다.

-경집 951

칭찬도 비판도 같은 마음으로

다른 사람에게 매도를 당하거나 비판을 받더라도,
존경을 받거나 칭찬을 받더라도,
한결같은 마음으로 있을 수 있도록 하라.
'왜 이런 것도 못할까.'라며 매도당하면,
마음속에서 열등감이 생겨나는 것을 재빨리 깨닫고,
'괜찮아'라고 받아넘겨라.
'넌 역시 대단해!'라며 누군가에게 칭찬을 받을 때는,
건방진 우월감이 마음을 지배하려는 것을 재빨리 눈치채고,
'됐지, 뭐.' 하면서 흘려 넘겨라.

－경집 702

다른 사람의 평가에 의한 것은 어차피 환상이다

다른 사람에게 비판을 당하거나 부정적인 평가를 받고 '어차피 난…'이라며 열등감을 느끼거나 당황하지 말기를.

다른 사람에게 칭찬을 받거나 추켜세워지더라도 '역시 나는 능력이 있어. 이제야 겨우 알아주는구나!'라며 당치도 않은 우월감에 자극받아 오만해지지 않기를.

다른 사람의 평가로 인해 생겨나는 쾌감이나 불쾌감은 어디까지나 뇌에서 만들어낸 환상에 지나지 않는다. 칭찬받고 싶다는 하찮은 욕망을 제거하고, 매도당하기 싫다는 분노마저 제거하라.

-경집 928

쾌락의 자극을 구하지 않는다

설사 칭찬을 받더라도 뇌에서 생겨나는 '아, 기분 좋다.'라는 쾌감의 반응에 익숙해지지 않고 중독되지 않는다면, 좋은 평가를 받더라도 거만해지는 일은 없을 것이다.

쾌락의 자극을 추구하지 않으면, 태도는 부드러워지고 그때그때의 상황에 맞추어 유연하게 대처할 수 있을 것이다.

이처럼 마음이 깊이 안정되어 있으면 특정 종교나 사람을 추앙할 필요도 없고, '이제는 마음을 안정시켜야 해.'라며 애쓸 필요도 없다.

-경집 853

잘난 척하지 않으려면

'이봐! 나 대단하지 않아?' 이런 식으로 자만하는 사람이 되지 않기를.

입 밖으로 내서 노골적으로 자만하지 않더라도, 태도나 표정 등으로 자만하는 사람도 있다.

'날 좀 알아줘.'라며 지나치게 자신을 자랑하지 않기를.

마음이 조금 성숙해졌다고 해서 자만하지 않기를.

그리고 자신도 모르는 사이에 잘난 척을 해서, 남에게 상처주는 말을 하지 않기를.

−경집 930

자신의 생각에 집착하지 않는다

자신이 생각한 아이디어에 집착한 나머지 '내 생각이 훌륭해.'라며 끈질기게 우긴다면, 반드시 다른 사람에게 미움을 받고 비판을 받는다.

몇몇 사람은 당신의 의견에 납득하고 칭찬해줄지라도 결국은 친해지기 어려운 사람이라며 멀리할 것이다.

-경집 895

자신의 의견이 인정을 받는다 하더라도

당신이 다른 사람 앞에서 자신의 의견을 우긴 결과,
사람들이 간혹 당신의 의견에 동조해준다면,
'그것 봐, 내가 옳지?'라며 우월감을 느낄 것이다.
우월감에 기분이 좋아지고 흥분하게 되면,
그만큼 더 오만한 성격으로 변해갈 것이다.

-경집 829

건방짐은 고통을 배가시킨다

건방짐은 자신도 모르는 사이에 당신을 더욱 고통에 빠뜨린다. 자신의 의견을 억지로 밀어붙이는 데 성공하고 거기에 재미를 붙이면, 당신은 이전보다 한층 더 건방진 말투로 말하게 될 것이다.

이처럼 자신의 의견을 억지로 밀어붙이려고 한다면, 실패할 경우에는 짜증을 낼 것이고, 성공을 해도 점점 더 건방진 성격으로 변할 것이다. 따라서 어느 쪽도 좋지 않다. 그저 마음만 혼탁해질 뿐이다.

이런 도리를 알았다면 자신의 의견을 덮어놓고 고집하는 일에서 멀어지도록.

–경집 830

다른 사람에 맞서지 않는다

누군가에게 칭찬을 받아 뇌에서 쾌감 물질이 샘물처럼 솟아나도 쾌락은 순식간에 사라진다. 순간의 위안일 뿐 마음의 안정을 얻는 데는 아무런 도움이 되지 않는다.

우겨서 얻어지는 성과는 결국 '미움 받는 것'과 '칭찬을 받고 스스로를 위로하는 것' 두 가지 뿐이다.

이런 법칙을 깨달아 다른 사람에게 맞서지 않는 것이 진정한 평온이라는 것을 알았다면 언쟁 따위는 하지 마라.

－경집 896

가볍게 사고를 전환한다

사람은 자신의 아이디어에 집착하고 고집을 부리기 때문에, 순순히 자신의 의견을 철회하는 일에 익숙하지 않다. 하지만 당신은 자신의 의견을 단념하고, 가볍게 사고를 전환할 수 있도록 항상 준비하라.

－중부경전 '삭감경(削減經)'

비교하지 않는다

현재의 자신을 '와~, 내가 저 사람보다 낫다'라든가 '이전의 나보다 나아졌어.'와 같은 말로 비교하지 마라.

'저 사람보다 내가 못났어.'라든가 '이전의 나보다 뒤떨어졌어.'라며 비교하지도 마라.

만약 자존심이 걸린 질문을 받더라도, 우월감이나 열등감을 일일이 느끼지 말기를 바란다. 지나치게 자신을 의식하지 말고, 그저 냉정하게 대답할 수 있기를.

—경집 918

승부에 집착하지 않는다

'무승부야.'

'내가 훨씬 나아!'

'내가 불리해!'

이런 세 종류의 사고에 지배를 당하면 상대를 쓰러뜨리고 싶어지고 트집을 잡게 된다. 예를 들어 '당신이 도중에 방해하는 바람에 일이 엉망이 됐잖아.'라고 생트집이라도 잡아서 값싼 자존심을 세우고 싶어진다. 그러면 서로가 기분이 나빠진다.

'무승부', '승리', '패배'와 같은 것을 무시하고 전혀 신경 쓰지 않게 되면, 건방진 태도나 언쟁도 완전히 사라지고 마음에 평화가 찾아온다.

-경집 841

경쟁하지 않는다

다투는 것, 경쟁하는 것, 싸우는 것.
여기에는 행복한 사람이 단 한 사람도 없다.
승리한 자가 얻을 수 있는 것은 상대의 원망이며,
패배자는 스트레스로 녹초가 된다.
그런 까닭에 마음을 닦은 사람은 승패에 신경을 쓰지 않는다.
건방진 우월감도 없고,
투덜대는 열등감도 없이,
유유히 행복한 삶을 산다.

−법구경 201

상대에 맞춰 유연하게 대화한다

지나친 전문용어를 섞어서 이야기를 하는 사람들이 있다.
'실존의 끊임없는 유동성이 초월론적으로 구성된 동일성에 의해
회수당하는 필연성이 어쩌구저쩌구······.' 이런 철학용어를 들려줘
도 철학 전문가가 아니면 '무슨 소릴까?'라는 생각이 들 것이다.
'이 비즈니스 모델의 솔루션은 당신의 모티베이션을 시스테마
틱하면서도 엘레강스하게 캐치 업 할 것이다.' 이런 비즈니스
방언으로 숨도 안 쉬며 말을 한다면 비즈니스 전문가 이외에는
'무슨 소리지?'라며 알아듣지 못할 것이다.
'카야에 액카가다를 향해 산마산캄파로 사티하시오.' 마찬가지
로 이런 불교용어를 사용해서 말하면 불교 전문가 외에 누가 알
아듣겠는가.
전문용어에 얽매이지 말고 상대에 맞춰서 알기 쉽게 말하는 것
이 좋다.

─중부경전 '무쟁분별경(無諍分別經)'

논쟁의 유혹에 넘어가지 않는다

자신의 사고방식에 얽매여 있는 사람이 '내 생각이 진리이고 당신은 틀렸어.'라며 논쟁을 걸면 '그렇게 생각할 수도 있군요. 당신이 그렇게 생각하고 싶은 마음을 알 것 같아요.'라고 말하며 가볍게 몸을 피하도록 하라.

상대가 공격하려고 싸움을 걸어와도 '공교롭게도 이곳에는 자신의 생각에 얽매여 당신을 공격하는 귀찮은 일을 하려는 사람이 없군요.'라고 말하듯이 피해버리는 것이 좋다.

자신의 생각에 대한 집착을 버리면 논쟁에서 비롯되는 고통에서 벗어날 수 있다.

−경집 832

비난이나 칭찬이 아닌
법칙을 말한다

다른 사람을 칭찬하거나 헐뜯어 자존심을 자극하는 것은 상대의 마음을 혼란스럽게 만든다는 사실을 기억하라. 그저 '이렇게 하면 이렇게 된다.'라는 법칙만 말하면 될 것이다.

예를 들어 명상 수행을 하는 사람에게 '그런 욕망에 빠진 어리석은 명상법은 자신을 괴롭게 할 뿐이다.'라는 식으로 말하면, 그것은 비난이 되어 상대를 화나게 만든다. 반대로 '당신은 욕망에 빠진 어리석은 명상법이 아닌, 올바른 방법을 실천하고 있군요.'라는 식으로 말하면, 이는 곧 칭찬처럼 들려 듣는 사람의 마음을 들뜨게 한다.

그런 비난이나 칭찬 대신에 단순하게 '욕망에 빠지지 않는 명상을 하면 괴롭지 않은 올바른 실천이 됩니다.'라는 식으로 말하면 알기 쉽게 법칙을 전할 수 있다.

그것이 상대를 위함이고 당신을 위함이다.

－중부경전 '무쟁분별경(無諍分別經)'

두 가지 길

하나의 길은 작은 이익과 명성을 쫓는 외로운 길.
또 하나의 길은 마음의 평화에 이르는 진리의 길.
나의 제자이고자 한다면
세상의 평가나 명성 등은 내려놓고
고독 속에서 자신의 내면을 탐구하기를.

-법구경 75

제三장

구하지 않는다

결핍감은 끊임없이 커진다

자신의 내면을 바라보는 일을 소홀히 하면 어느새 당신의 마음에는 결핍감이라는 블랙홀이 생기고 '원해, 부족해, 좀 더 좀 더!'와 같이 갈망하며 발버둥치게 만드는 갈애(渴愛)가 생긴다. 마치 숲 속에서 바나나를 찾아 여기저기 뛰어다니는 원숭이처럼, 당신의 마음은 여기저기로 흩어지고 빙글빙글 윤회하여, 죽어서조차 마음을 편히 할 수 없다.

-법구경 334

결핍감은 전이된다

나무를 톱으로 베어 쓰러뜨려도 나무의 뿌리가 강력하면 삐죽
삐죽 다시 새싹이 올라온다.

그것과 마찬가지로 당신 마음속에 살고 있는 결핍감은 너무 강
력한 저주여서, 일시적으로는 진정되어도 그 뿌리가 살아있기
때문에, 곧바로 다시 삐죽삐죽 자라서 괴롭게 되고 모자라게
된다.

예를 들어 '왜 오늘 만날 수 없는 거지?'라며 외로움을 호소할
때, 상대가 만나주면 진정이 되지만, 금세 '왜 내 말을 들어주지
않는 거야?'라며 또다시 외로움을 호소하게 된다.

결핍감이라는 암적인 존재는 껑충껑충 뛰어다니며 여기저기로
전이된다.

-법구경 338

결핍감의 뿌리를
모조리 태워버린다

당신에게 고한다.

당신이 행복해질 수 있기를.

'갖고 싶다. 부족해, 좀 더 좀 더'라고,

당신 안에서 꿈틀거리는

결핍감이라는 식물의 뿌리를 뽑아 태워버리라고.

비라나 풀이라는 식물의 뿌리에서 향료를 추출하려는 사람이

비라나 풀의 뿌리를 뽑으려고 하는 것과 같이

결핍감이라는 이름의 저주에 걸린 풀을 뿌리째 뽑아버려라.

고통이라는 마귀가 당신을 지배하도록 내버려둬서,

또다시 당신의 마음을 혼란스럽게 하는 일이 없도록.

－법구경 337

갈애의 뿌리를 뽑아버린다

외로움이라는 욕구 때문에 몹시 거칠어진 강의 흐름은,

여기저기로 전이되는 암과도 같아서,

이곳저곳으로 흘러가며 전이된다.

채워졌다고 생각하면 어느새 또다시 부족해진다.

이 채울 수 없음을 속이기 위해

'저게 갖고 싶어.'

'좀 더 멋진 일이 하고 싶어.'

'모두에게 좀 더 존경받고 싶어.'라는 욕구를 갖게 되고,

이는 응석받이라는 이름의 식물처럼 점점 무성하게 자라 당신을 괴롭힌다.

이런 식물이 자라고 있다는 것을 깨달았다면, 지혜의 삽으로 식물을 뿌리째 뽑아버려라.

－법구경 340

너무 원해서 견딜 수 없는
상대를 만들지 않는다

원하고 원해서 견딜 수 없는 상대를 만들지 않기를.

원하고 원해서 견딜 수 없는 상대가,

당신의 생각대로 되지 않을 때.

특히 그 상대를 언젠가 잃지 않으면 안 될 때.

그때 당신의 마음에는 극심한 고통이 찾아올 것이다.

이 '갖고 싶다. 갖고 싶다.'라며

구하기만 하려는 저주에서 해방되면,

당신의 마음은 그 무엇에도 속박되지 않고 자유로워질 것이다.

－법구경 211

너무 싫어서 견딜 수 없는
상대를 만들지 않는다

'지금 당장 보고 싶어. 못 만나면 너무 괴로워.'

이런 욕망 때문에 집착하게 될 상대를 만들지 마라.

'기본 상식도 없는 나쁜 사람이야.'

이런 식의 혐오감 때문에 집착할 것 같은 상대도 만들지 마라.

욕망의 집착이 만들어낸 사람을 만나지 못하면

고통이 솟아나지만,

혐오의 집착이 만들어낸 사람과 함께 있는 것 역시,

고통 이외의 그 어떤 것도 아니다.

-법구경 210

뒤틀린 애정이라는 주박呪縛

가족이나 연인, 자신이 가르친 부하직원 등 가까이 있는 사람에게 애정을 갖고 있는 경우, 자신도 모르게 응석을 부리게 되어 '나를 소중히 여긴다면, 이 정도는 해줄 거야.'라고 멋대로 생각하게 된다.

하지만 이 제멋대로인 욕구는 대부분 충족되지 못하고 기분만 우울하게 만들 뿐이다.

애정에 대한 집착이 너무 강해지면, 자신을 소중히 여겨줄지 어떨지에 대해 불안이나 두려움이 생긴다. 즉, 뒤틀린 애정이 우울과 두려움을 만들어내는 것이다.

뒤틀린 애정이라는 주술의 속박에서 해방되면, 더 이상 우울과 두려움은 존재하지 않게 될 것이다.

－법구경 212

쇠사슬보다도 강하게
우리를 속박하는 것

아무리 당신이 쇠사슬에 묶여있어도, 나무로 된 도구에 구속당해도, 삼베 끈으로 둘둘 말려있어도, 이런 것들은 '강력한 속박'이 아니다.

자신이 번 돈에 대한 집착이나 자꾸만 사들여서 늘어가는 물건에 대한 집착이나, '내 자식은 이렇게 돼야 해, 이렇게 하면 안돼.' '내 파트너는 이렇게 해야 해, 이렇게는 되지 마라.'라는 지배욕에 대한 집착.

지혜로운 자는 이런 끝없는 집착이야말로 '강력한 속박'이라는 것을 한눈에 알아본다.

이런 속박은 느슨해 보일 수 있지만, 사실은 매우 빡빡하고 질기게 꽁꽁 휘감겨있어서 벗어나기가 너무나도 어렵다.

이런 속박을 단숨에 잘라버리면 '이렇게 하고 싶다.' '저렇게 하고 싶다.'며 갈구하는 것으로부터 자유로워질 것이다.

−법구경 345, 346

욕망에 쫓긴 사고가
갈애渴愛를 키운다

욕망에 쫓겨서 이런저런 생각이 지나치면
사고회로가 막혀버린다.
욕망에 홀린 생각 때문에 스트레스가 만들어지고,
그런 생각을 '이건 좋은 것이다.'라며 정당화하면,
당신의 고통은 더욱 더 커져만 갈 것이다.

-법구경 349

갈애渴愛의 거미줄을 끊는다

'나에 대해 제대로 알아줘.'

'좀 더 소중히 대해줘.'

'좀 더 좋은 평가를 해줘.'

'좀 더 사랑해줘.'

이런 이기적인 욕망의 사고에 세뇌되면, 당신은 마치 거미가 자신의 줄에 얽혀버리는 것처럼, 외로움이라는 줄에 얽혀서 고통에 질식하고 말 것이다.

당신이 지혜라는 무기로 이 거미줄을 단숨에 끊어버린다면 고통을 내려놓고 유유히 걸어갈 수 있을 것이다.

−법구경 347

마음대로 움직이는 생각을
멈춘다

여기저기로 돌아다니다가 이것저것 끊임없이 생각해내는, 이
'사고(思考)'라는 괴물. 이를 멈추게 하는 명상에 몰입한다면,
'부족함'이라는 악마의 속박에서 벗어날 수 있다.

집착하면서 쾌감이라고 착각하는 것을, '사실은 헛된 것들'이라
며 명상에 몰입한다면, 당신은 '갈애(渴愛)'라는 악마의 속박에서
벗어날 것이다.

-법구경 350

자신에게 주어진 것을 본다

당신이 당신 손에 주어진 것은 보지 않은 채,

다른 사람의 손에 주어진 것만을 보고,

'좋다. 갖고 싶다.'며 부러워한다면,

마음의 고요함은 산산이 부서질 것이다.

—법구경 365

자신에게 주어진 것에서
행복을 본다

손에 주어진 것이 비록 아무리 작은 것일지라도, 거기서 행복을
찾으려 한다면 '만족을 아는' 충족감으로 인해 마음이 깨끗이 정
화될 것이다.
이 깨끗한 마음의 파동은 눈에 보이지 않는 고차원의 생물들을
기쁘게 해 그들을 끌어당길 것이다.

-법구경 366

'있다'와 '없다'에
동요하지 않는다

머릿속에 떠오른 생각이나 소유하고 있는 것에 대해
'이건 내 꺼야. 아무한테도 주고 싶지 않아.'라며
매달리지 않는다면.
칭찬받지 못하거나,
사랑받지 못하거나,
상대가 약속을 지키지 않거나 하는
이런 '없는 것'에 한탄하지 않는다면,
'있는 것'에 집착하지 않고 '없는 것'에 아쉬워하지 않게 되어,
마음은 무적이라고 할 만큼 부드러워질 것이다.

—경집 950

갈애渴愛가 이끄는 대로
방황하지 않는다

명상을 해서 집중력을 높이도록 해라.

그리고 당신의 내면을 바라보아라.

물욕에 이끌려서 좋아하는 것만을 찾아 방황하지 말고,

마음을 한 점에 집중하라.

목이 마른 탓에 맛있어 보인다고,

비틀비틀하면서 뜨거운 쇠구슬을 집어삼키지 말라.

무심코 삼켜버린 다음,

'앗 뜨거. 배가 뜨거워.'라며 울부짖는 일이 없기를.

−법구경 371

재산을 다른 사람과
자신을 위해 아낌없이 쓴다

아무것도 없는 황무지에 맑은 물이 솟아나도, 아무도 먹으러 오지 않으면 언젠가는 말라비틀어질 것이다.

욕망으로 가득 찬 사람이 얼떨결에 부를 얻게 되면, 너무 인색하게 굴면서 다른 사람을 위해 부를 쓰지 않고, 자신을 위해 부를 사용하는 것조차 아까워한다. 이렇게 부를 쓰지 않은 채로 두면, 죽은 후에는 남지 않고 말라비틀어져 모두 사라지고 말 것이다.

지혜롭고 정직한 사람이라면, 자신을 위해서도, 다른 사람을 위해서도 아까워하지 않고 재산을 사용하며, 유쾌하게 살아갈 것이다.

−상응부경전

욕망은 고통이다

마음에서 꿈틀거리는 욕망, 예를 들어 아무리 세상의 모든 돈을
소나기처럼 내리게 해줘도, 욕망이 충족되는 일은 없다.

충족되기는커녕, 쾌감을 느낀 후에는 곧 허무와 고통이 뒤따른
다. 이를 잠재우기 위해 더욱 자극적인 무언가를 구하게 되고,
욕망은 계속해서 꿈틀거릴 것이다.

욕망이 실현되어 얻어지는 뇌 속의 쾌감 반응은 매우 순간적인
것에 지나지 않으며, 그 후에는 금단현상과 같은 허무함과 불안
감이 찾아온다.

'욕망이란 고통'이라는 진리를 체감하면, 최고의 즐거움을 위해
'갖고 싶다'고 바라는 마음이 잦아든다.

이렇게 갖고 싶다고 절규하는 마음의 외로움을 잠재우려 한다
면, 당신은 나의 제자로 불릴 만하다.

−법구경 186, 187

제四장

업을 바꿔라

당신은, 지금까지 당신의 마음이 생각한 것의 집합체

당신이라는 존재는, 과거에 '무엇을 생각했느냐'에 따라, 그 생각과 느낀 내용들이 하나하나 마음에 축적된 결과로써 지금 여기에 있는 것이다. 즉, 당신이란, 이제까지 당신의 마음이 생각한 것들의 집합체이다. 당신이 나쁜 것을 생각하면 나쁜 업이 마음에 새겨지고, 그만큼의 나쁜 상태로 변해간다. 당신이 선한 것을 생각하면 긍정의 업이 마음에 새겨져서 그만큼의 온화한 상태로 변해간다.

이렇게 인간은 마음속에서 생각하는 대로 조금씩 변해간다. 모든 것은 마음속의 생각에서 비롯되고 마음속의 생각대로 만들어진다. 그러므로 부정적인 마음으로 나쁜 말을 하거나, 부정적인 마음으로 나쁜 행동을 하면 반드시 자신에게 고통이 되어 돌아온다. 상냥하고 긍정적인 마음으로 말하고 행동하면 반드시 평온함이 따를 것이다.

마치 그림자가 항상 당신 뒤를 따르는 것처럼.

―법구경 1, 2

착한 일을 생각했다면
바로 실행에 옮긴다

차분한 마음에서 무언가에 몰두하고 싶은 마음이 생겼다면, 서둘러 실행에 옮겨 선한 업을 마음에 새겨 두어라. 이렇게 해서 부정적인 사고가 마음을 점령하지 못하게 방지하라.

왜냐하면 모처럼 좋은 일을 하고 싶은 마음이 생겨도, 머뭇거리면 금세 부정적인 생각으로 바뀌기 때문이다. 예를 들어 '오늘은 꼭 청소를 해야지'라는 마음이 들어도, 곧바로 시작하지 않고 먼저 노는 일부터 하면, 마음은 곧 바뀌어 '에이, 시간도 부족하니 다음에 하자'라며 부정적인 업을 쌓게 된다.

─법구경 116

부정적인 것을
생각하지 않는다

만약 부정적인 사고에 사로잡히거나 부정적인 생각으로 인해 말하거나 행동하게 된다면, 그 부정적인 악업을 더 이상 쌓지 않도록 당장 멈춰라.

부정적인 에너지는 자극이 강하고 습관이 되므로 중독되지 않도록 조심해야 한다. 부정적인 악업의 에너지를 마음에 채우는 것은 고통을 늘릴 뿐이다.

−법구경 117

만약 당신이 업의 진리를
알지 못하고 있다면

잠을 자려고 이부자리 안으로 들어가도, 이제까지 쌓아온 부정적인 악업의 에너지에 지배를 받고 있다면, 부정적인 사고가 머릿속을 빙빙 맴돌아서 편히 잠들지 못할 것이다. 이런 불편한 밤은 매우 길어서, 언제까지나 아침이 밝아오지 않을 것처럼 느껴질 것이다.

피로하고 정신적으로 침체되어 있으면 목적지까지의 여정이 끝없이 길게 느껴지는 것은 당연하다. 업의 진리를 모른 채 죽고 다시 태어나기를 되풀이한다면, 그 고통스런 윤회 환생 여정은 정신이 몽롱해질 정도로 길어질 것이다.

―법구경 60

자신의 내면을 바라보지 않고 살아간다면

자신의 내면을 응시하지 않는 어리석은 자는 마치 적에게 하듯이 자신에게 고통을 주며 살아간다.

나쁜 업을 쌓고 쌓아 언젠가 자멸의 최후를 맞을 때까지, 알게 모르게 조금씩 파멸을 향해서.

―법구경 66

나쁜 업

나중이 되어서 '역시 하지 말았어야 했어.'라며 후회하고 괴로워
한다면, 그 행위는 나쁜 업이 되어 마음에 축적된다.
이 악업을 이룬 부정적인 에너지가 마음속에서 숙성되어, 결국
은 눈물을 흘리면서 고통의 과보를 받게 될 것이기 때문이다.

-법구경 67

좋은 업

나중이 되어 '역시 하지 말았어야 했어.'라며 괴로워하지 않는다
면, 그 행위는 좋은 업이 되어 마음에 축적된다.
이 선업을 이룬 깨끗한 에너지는 마음속에서 숙성되어, 이윽고
과보로써 기분 좋고 즐거운 충실감을 가져다줄 것이다.

-법구경 68

나쁜 업이
숙성되기까지의 시간

신선한 우유가 발효되어 요구르트로 굳어지기까지는 시간이 걸린다. 악업을 계속 쌓고 나쁜 에너지를 축적했다 하더라도, 이 에너지가 숙성되고 굳어져 나쁜 결과를 초래하기까지는 시간이 걸린다.

재에 덮여 남아있던 불씨가 질기게 연기를 내는 것처럼, 악업의 에너지는 마음에서 계속 연기를 낸다. 그러다 결국에는 타올라 당신에게 상처를 줄 것이다.

—법구경 71

죽은 뒤에 분노의 업은

만약 분노의 업을 쌓고 당신이 죽은 뒤 그것이 분노의 사념(思念) 만으로 다시 태어난다면, 눈앞의 현실은 어디에도 없이, 오로지 사념만이 꿈처럼 망상을 만들어내, 당신의 눈에 끊임없이 분노 의 환각을 보여줄 것이다.

예를 들면 고름이나 피가 섞인 가마솥에 자신이 부글부글 끓고 있는 환각. 거기서 도망쳐 나와도, 몸속에 고름과 피가 끈적끈 적하게 달라붙어 역겨움에 괴로워하는 환각.

과거에 쌓은 분노가 남아 분노를 되풀이하고 싶은 까닭에, 스스 로 일부러 화를 내고 싶은 기분과 나쁜 환각만을 보며, 고뇌하 고 또 고통스러워하는 지경에 이를 것이다.

-경집 671

악업에 대한 과보를 받을 때

마음의 법칙을 알지 못하는 자는 자신이 행한 나쁜 행동, 나쁜 말, 나쁜 생각으로 인해 마음에 악업의 에너지가 새겨져도 두려워하지 않는다.

마음의 법칙을 알지 못하는 자는 악업의 에너지가 부글부글 끓어 숙성된 후 피할 수 없는 과보를 받기 전까지는 '나는 즐거워. 꿀을 마시고 있어.'라며 망상에 빠질지도 모른다.

다른 사람에게 건방지게 행동하면서 즐겁다고 착각하기도 한다. 싫은 사람에 대해 푸념을 늘어놓거나, 싫은 사람에 대해 '재수없다'는 생각을 하는 등 순간의 기분전환에 빠져 즐겁다고 착각할지도 모른다.

그러나 악업의 에너지가 부글부글 끓어 과보를 받을 때는 어리석은 자 역시 고통을 맛보게 될 것이다.

－법구경 69, 119

저급한 사람이란

부정적으로 말하고 생각하며 악업을 쌓으면서 '남에게 들키지 않도록 속여야지.'라며 숨기는 사람이야말로 저급한 사람이다. 예를 들어 마음속으로는 '빨리 돌아가고 싶어. 이 사람이 하는 얘기는 재미없어.'라고 짜증을 내며 분노의 업을 쌓고 있으면서, 겉으로 미소를 띠며 '당신의 이야기는 위트가 넘치고 너무 재미있어요.'라며 가식적인 모습을 보이면, 내면과 겉모습에 모순이 생기고 마음에는 스트레스가 쌓인다.

이렇게 함으로써 점점 저급한 사람이 되어간다.

―법구경 127

나쁜 업이 줄어들지 않는 것은

'저 사람은 이런 부분이 좋지 않아.'
'이 사람은 옷 입는 센스가 없어.'
'그는 성격이 삐딱해.'
이렇게 다른 사람의 문제점만 바라보고 항상 불평을 늘어놓으면, 수많은 번뇌의 에너지는 쌓여가기만 할 뿐, 아무리 시간이 흘러도 부정적인 업을 줄일 수가 없다.

−법구경 53

나쁜 업의 에너지를
가볍게 보지 않는다

자신의 행동이나 말, 생각 때문에 만들어지는 악업의 에너지를 경솔하게 여겨 '응보는 나에겐 돌아오지 않는다.'며 착각하지 마라.

방울방울 떨어지는 물방울도 결국에는 커다란 물 항아리를 가득 채운다. 이처럼 나쁜 에너지 역시 당신의 마음속 물 항아리에 방울방울 떨어져 채우고, 결국은 당신의 마음속 물 항아리를 나쁜 에너지로 가득 채울 것이다.

−법구경 121

선한 업의 에너지를
가볍게 보지 않는다

자신의 행동이나 말, 생각 때문에 마음에 새겨진 선업의 에너지
를 경솔하게 여겨 '어차피 착한 일을 해도 나에게 돌아오는 건
없으니 신경 안 써.'라며 투덜거리지 마라.
예를 들어 아무도 보지 않는 공중 화장실에서 더러워진 변기를
보고 다음 사람을 위해 깨끗이 하는 정도의 선한 마음이라 할지
라도, 한 방울 한 방울의 물방울은 어느새 물 항아리를 가득 채
울 것이다.
선업의 긍정적인 에너지는 마음의 물 항아리에 한 방울 한 방울
떨어져 조금씩 쌓이고 이윽고 기분 좋은 과보로 돌아올 것이다.

−법구경 122

행동과 말과 생각은 업이 된다

부정적인 행동이나 부정적인 말, 부정적인 생각을 할 거라면 차라리 아무것도 행하지 말고, 아무것도 말하지 말고, 아무것도 생각하지 않는 편이 낫다.

왜냐하면 그로 인해 생긴 부정적인 업의 에너지는 마음에 쌓여 나중에 자기 자신을 괴롭히기 때문이다.

긍정적인 행동이나 말, 생각을 하고 싶어지면 무엇이든 상관없으니 일단 실행하고 보라. 나중에 고통 받을 일은 없을 테니까.

-법구경 314

좋은 업이
숙성되기까지의 시간

선한 행동이나 선한 말이나 선한 생각을 함으로써 마음에 새겨
진 긍정의 에너지가 바글바글 끓어서, 선업에 따른 과보로 찾아
오기까지는 시간이 걸리기도 한다.

비록 선한 일을 했다 하더라도, 악, 즉 불행에 휩쓸리는 일이 찾
아올 수 있다.

그러나 긍정적인 에너지가 끓어서 숙성이 되면 여러 가지 행복
이 넘쳐난다.

−법구경 120

부정적인 생각을 극복한
사람에게 오는 네 가지의 안도감

부정적인 생각을 극복해낸 당신이 욕망에서 벗어나고 분노와 방황에서 벗어나 마음을 깨끗하게 하면 다음 네 가지의 안도감이 생길 것이다.

만약 정말로 업에 따른 과보나 윤회가 있다면, 당신이 믿건 안 믿건, 죽은 후에 좋은 환생을 하게 될 것이다.

만약 죽으면 모든 것은 끝이고 윤회도 거짓이라 할지라도, 현세에서 고통을 받거나 괴로워하지 않고 평온하게 살 수 있을 것이다.

만약 정말로 나쁜 업이 고통을 불러온다면, '나쁜 에너지를 만들지 않았으므로 괴로움도 없을 거야.'라며 평온할 수 있을 것이다.

만약 정말로 나쁜 업이 고통을 불러오지 않는다 해도, '나쁜 에너지를 담고 있지 않으므로 마음이 깨끗하고 맑아.'라며 웃을 수 있을 것이다.

－증지부경전

자업자득 自業自得

'자신'이라는 괴물은 스스로 마음속에서 상상해내는 욕망이나 분노, 방황 때문에 조금씩 상처를 입는다.

'자신'이라는 괴물은 마음속에서 욕망이나 분노, 방황을 상상해내지 않음으로써 조금씩 깨끗해져간다.

이렇게 더럽혀지는 것도, 깨끗해지는 것도, 모든 것은 한 사람한 사람의 자업자득이다. 또한 다른 사람의 마음을 깨끗하게 해줄 수는 없으니 쓸데없이 참견은 하지 말자.

—법구경 165

상처가 없는 손에 독은
침투하지 못한다

무언가를 만지는 손에 상처가 없으면, 비록 독을 만진다 해도 침투할 수 없기 때문에 그 손으로 아무 거리낌 없이 안심하고 독을 만질 수 있다.

상처 없는 자에게 독은 그 어떤 영향도 미칠 수 없기 때문에, 마음에 악업이라는 상처가 없는 자에게는 비난도, 중상도, 재난이라는 독조차도 침투하지 못한다.

악업의 에너지를 쌓지 않는 사람에게, 악, 즉 불행은 찾아오지 않는다.

-법구경 124

업은 변화시킬 수 있다

사람은 피부색이나, 왕의 자녀라거나, 부자의 자녀거나, 평민의
자식이라거나, 노예의 자식이거나 하는 계급이나, 태어나면서
부터 타고난 외모와 같은 조건만으로 천한 사람이 되지도 않고,
고귀한 사람이 되지도 않는다.

다만 지금까지 마음속에 새겨왔던 업의 에너지 때문에 점점 천
한 사람이 되어가기도 하고, 업의 에너지를 바꿈으로써 고귀한
사람이 되어가기도 한다.

-법구경 136

나쁜 업을 해소하는 방법

공중으로 날아서 도망가도 어쩔 수 없다.

바다 속을 헤엄쳐 도망가도 소용없다.

산 속 깊은 곳을 도망가도 무의미하다.

이 세상 어디로도 도망갈 곳은 없다.

지금까지 쌓아온 악업의 과보로부터,

결코 달아날 수 없으며,

언젠가 반드시 그 '빚'을 갚게 될 것이다.

좋지 않은 일을 당해도 도망가거나 거부하지 말고,

'이 정도의 과보로 끝나서 다행'이라고 받아들인다면

악업에 따른 빚은 줄어들 것이다.

-법구경 127

부정적인 행동, 말, 생각이
불행한 인생을 만든다

부정적인 행동이나 부정적인 말, 부정적인 생각을 하는 것이 버릇이 되어, 악업을 마음에 새겨왔다면 살아있는 동안에도 과보를 받아 항상 짜증이 나고 불행한 날을 보내게 될 것이다.

게다가 죽게 되면, 다음 생에서는 좋지 않은 환생을 하게 될 것이다.

'나는 다른 사람에게 비난받을 짓을 많이 해왔는데, 들키면 어쩌지.'라며 불안해하고, 사후에는 나쁜 환생을 해 더욱 큰 고통 받게 된다.

―법구경 17

긍정적인 행동, 말, 생각이
행복한 인생을 만든다

긍정적인 행동이나 긍정적인 말, 긍정적인 생각으로 선업을 마음에 새겨왔다면, 살아있는 동안에도 과보를 받아 항상 행복하게 살 수 있을 것이다.

게다가 죽게 되면 다음 세상에서 행복한 탄생을 하게 되고, 현세에서든 다음 세상에서든 평온하게 살 것이다.

'나는 누구에게도 손가락질을 한 적이 없어.'라며 안심할 수 있으며, 사후에는 다시 선하게 환생하여 더욱 근심 걱정 없이 살게 될 것이다.

−법구경 18

제五장

친구를 선택한다

마음을 개선하려는
친구를 만났다면

만약 당신이 인생의 여정을 걸어가면서,

마음을 개선하려는 목표를 가진 친구를 만났다면,

서로가 성격의 결점을 개선해나갈 수 있는

그런 귀한 친구를 만났다면,

모든 장애물을 극복하고,

비록 그 사람의 얼굴이 마음에 들지 않는다 하더라도,

비록 그 사람에게 뛰어난 언변이 없더라도,

그 사람과 함께 걸어가는 것이 좋다.

함께 있으면 더욱 좋다.

철저히 자신의 내면을 응시하는 일을 잊지 않도록.

―경집 45

마음을 개선하려는
친구를 만나지 못했다면

만약 당신이 인생의 여정을 걸어가면서,

마음의 개선을 목표로 하는 친구를 만나지 못했다면,

함께 목표를 향해 나아가며

서로를 격려해줄 귀한 친구를 만나지 못했다면,

애써 정복한 나라를 아무 미련 없이 버릴 수 있는 왕처럼,

그저 혼자 걸어가는 편이 좋을 것이다.

마치 무소의 머리에 솟아난 하나의 뿔처럼.

-경집 46

자신보다 성격이 좋은 친구와 사귄다

당신이 인생의 여정을 걸어가면서

자신보다 성격이 좋은 친구,

혹은 적어도 자신과 비슷할 만큼 성격이 좋은 친구와

친하게 지내면 좋을 것이다.

당신의 마음은 무의식적으로 상대를 따라할 것이므로,

자신도 모르는 사이 성격이 좋아질 것이다.

불행히도 자신보다 성격이 나쁜 친구를 만났다면,

차라리 상쾌한 '홀로있음'을 즐기면서 혼자서 걸어가는 편이

낫다.

마치 무소의 머리에 솟아난 하나의 뿔처럼.

-경집 47

성격이 나쁜 친구와 있을 바엔
혼자서 걷는다

아무리 뛰어난 장인이 만든 빛나는 팔찌라도, 한쪽 팔에 두 개나 차고 있으면, 서로 부딪혀서 짤랑짤랑 소리를 내고 시끄러울 것이다. 이는 성격이 나빠서 자신과 어울리지 않는 친구와 함께 있는 것과 유사하다.

둘의 마음은 부딪쳐서 불협화음을 내고, 감정을 혼란스럽게 할 것이다. 이를 안다면, 차라리 혼자 걸어가는 편이 산뜻할 것이다.

마치 무소의 머리에 솟아난 하나의 뿔처럼.

—경집 48

친구인 척하는 거짓 친구 1

다음 네 가지를 갖고 있는 '바라기만 하는' 친구는 친구가 아니 므로 가까이 하지 마라.

1. 당신의 형편을 고려하지 않고 '이거 해줘, 저거 해줘.'라고 바 라기만 한다.
2. 조금 도와주거나 친절을 베풀고 나서 보답을 바란다.
3. 자신을 싫어할까봐 두려워서 친절을 베푼다. 이런 사람은 안 심이 되면 갑자기 태도가 달라질 것이다.
4. 당신과 친하게 지냄으로써 자신에게 어떤 이득이 있는지를 계산한다.

이 네 가지를 갖고 있다면 그런 친구는 멀리하도록.

─장부경전 '육방예경(六方禮經)'

친구인 척하는 거짓 친구 2

다음 네 가지를 갖고 있는 '말뿐인 친구'는 친구가 아니므로 멀리 하라.

1. '아, 안타깝다. 이번 주는 일이 많아서 못 갔지만, 지난주였다면 갈 수 있었을 텐데.'라며 과거의 '돌이킬 수 없는 일'로 아첨하는 친구.

2. '아, 안타깝다. 오늘은 약속이 있어서 안 되지만, 다음에 한가할 땐 도와줄게.'라며 미래의 '가능성 없는 일'로 아첨하는 친구.

3. 곤란한 일이 있을 때 그 곤란을 해결하는 데는 도움이 되지 않지만, 그럴싸한 말로 아첨하는 친구. '참 곤란하겠다. 근데 고양이는 건강하게 잘 있니? 그런 귀여운 고양이가 있어서 좋겠다.'하고.

4. '지금, 이것부터'라고 의견을 물으면 '미안해, 지금은 안 돼.'라고 거절하는 친구.

―장부경전 '육방예경(六方禮經)'

친구인 척하는 거짓 친구 3

다음 네 가지를 갖고 있는 '듣기에 좋은 말만 하는 친구'는 친구
가 아니므로 멀리 하라.

1. 나쁜 일에 대해서도 '그래, 잘 했어.'라며 동조하는 친구. 예
   를 들면 당신이 불평을 늘어놓으면서 자신의 마음을 추하게
   만들어도 적당히 '그래그래'라고 말하는 친구.

2. 좋은 일에 대해 '그렇구나.'라며 공감하지 못하고 말로만 동
   의하는 친구. 당신이 훌륭한 아이디어를 들려줘도, 애써 좋
   은 아이디어를 제시해도, 진지하게 듣지 않음으로써 대화의
   김을 빼는 친구.

3. 당신 앞에서는 항상 '우와, 그렇구나. 대단하다.'라든가, '넌
   역시 대단해, 존경스러워!'라고 칭찬만 하는 친구.

4. 당신이 없는 곳에서는 '저 녀석 조금만 칭찬해주면 으쓱해져
   서 별로야.'라며 험담을 하는 친구.

- 장부경전 '육방예경(六方禮經)'

친구인 척하는 거짓 친구 4

다음 네 가지를 갖고 있는 '재산을 줄이는 계기가 되는 친구'는 친구가 아니므로 멀리 하라.

1. 자신의 내면을 통제하지 못하게 만드는 술을 마시러 갈 때만 동행하는 친구.

2. 밤늦게 거리로 놀러나갈 때만 동행하는 친구.

3. 영화나 콘서트 등 자신의 내면에서 한눈을 파는 오락을 하러 갈 때만 동행하는 친구.

4. 두근두근 흥분되어 자신의 내면을 망각할 때, 즉 도박을 할 때만 동행하는 친구.

– 장부경전 '육방예경(六方禮經)'

차라리 혼자인 편이 개운하다

현대인들은 '이 사람과 사귀면 나에게 어떤 이득이 있을까.'라고 무의식적으로 손익을 따지면서 사람을 사귀거나 친절하게 대한다. 이처럼 세상에서는 손익계산을 따지는 욕망에 오염되지 않은 진정한 친구를 얻기가 쉽지 않다.

당신 주변에 있는 사람들이 손익에 집착하는 간교함에 빠져 있다면 차라리 혼자가 되어보는 것도 좋을 것이다.

마치 무소의 머리에 솟아난 하나의 뿔처럼.

-경집 75

말만 앞서고 아무것도 행하지 않는 사람은 친구가 아니다

염치 좋게 '넌 친구야.'라고 입에 발린 말을 하면서도,

어떤 일을 부탁받았을 때

'아, 지금은 너구리를 기르느라 바빠서.'라는 식의 이유로

행하지 않는 사람.

'사실은 친구가 아니었군.'이라고 생각하며 멀리 하라.

―경집 253

실속이 없는 공허한 말을 하는 사람은 친구가 아니다

'여러 가지로 신세진 것에 대한 답례로 다음에 집을 수리할 일이 생기면 언제라도 도우러 올 테니 불러주십시오.'

예를 들면 이런 식으로 상대에게 도움을 받고 빚이 생겼다는 부담을 느끼면 마음에도 없는 말을 한다. 그러나 막상 당신이 일손이 부족해서 곤란할 때에는 못 본 척하는 사람들이 있다.

이런 사람은 싸구려 보증을 하는 입이 가벼운 사람일 뿐, 친구가 아니라는 것을 알아둬라.

-경집 254

빌린 돈을 떼먹는 사람을
친구로 삼으면 안 된다

당신에게 빚을 지고 갚을 때가 되어 '이젠 돌려 줘!'라고 재촉하면 몸을 사리면서 손해 보는 것처럼 피하려 드는 사람.
이런 사람은 마음속으로 투덜거리며 '너한테 빚진 적 없어.'라며 자신을 속인다. 이렇게 해서 '빚'을 갚지 않으려는 사람은 '천한 사람'이다.

—경집 120

평가하지 않는 사람을
친구로 삼는다

당신의 말이나 행동에 무언가 결점이 없는지, 항상 끈질기게
모색하면서 트집을 잡거나 실수하기를 바라는 듯한 사람.
'이 사람은 친구가 아니야.'라고 말하고 멀리 하라.
당신을 '좋다.' 혹은 '나쁘다.'는 식으로 이러쿵저러쿵 평가하지
않고 단지 당신을 따라준다면 그 사람은 친구가 될 수 있다.
마치 아이가 이것저것 생각하지 않고 엄마 품으로 뛰어드는 듯
한 한결같음으로, 다른 사람이 방해할 수 없을 정도로 견고하고
단단한 믿음이 있다면.

— 경집 255

마음이 정돈된 사람들과
함께 생활한다

겉으로는 재능이 뛰어나고 우수해 보여도, 자신의 내면을 응시하지 않고, 감정을 통제하지 못하는 사람과는 친하게 지내지 말라. 그런 사람과 친하게 지내면 당신은 오랫동안 그 사람의 욕망과 분노에 나쁜 영향을 받아 나쁜 경험을 하게 될 것이다.

자신의 감정을 통제하지 못하는 사람과 함께 산다는 것은 마치적과 함께 사는 것과 같다. 이는 당신에게 오랫동안 고통이 될 것이다.

마음이 정돈된 사람과 함께 사이좋게 지내면 마음이 평온해지고 서로의 성장에도 도움이 된다.

―법구경 207

친구에게 마음속에
담아두었던 말을 할 때는

'음, 알려 주고 싶은데 어쩌지.'라며 당신이 마음속에 은밀하게 감추고 있던 말이, 사실과 다르거나 상대에게 상처를 주는 내용이라면 결코 말하지 마라.

만약 마음에 담고 있는 말이 사실일지라도, 다른 사람에게 상처를 주는 내용이라면 말하지 않는 연습을 하라.

당신의 마음속에 감추고 있는 말이 사실이고, 상대에게 상처를 주지 않는 이익이 되는 내용이라면, 적어도 시기를 봐서 전하는 것이 좋다.

예를 들면 상대가 휴대폰만 만지고 있는 것을 보고 '같이 있으면서 휴대폰만 보고 있는 건 어떻게 생각해?'라고 말하고 싶어진다면, 화가 잠잠해지고 흥분이 가라앉기를 기다렸다가 냉정하게 말하는 것이 좋다.

'함께 있을 때 휴대폰만 보고 있으니까 심심하다. 조금만 참아 주면 안 될까.'라고.

－중부경전 '무쟁분별경(無諍分別經)'

때로는 친구와
멀어지는 것도 좋다

꼭 필요하다고 생각했을 때는 잘못된 방향으로 가려는 친구에게 충고를 해주고, 부정적인 생각이나 부정적인 말에서 벗어나도록 조언하는 것도 서로를 위하는 길이다.

당신의 말에 기뻐하며 귀를 기울여준다면, 친구로 삼을 만한 가치가 있는 사람이다.

'시끄러워!'라고 말하면서 당신의 말을 들어주지 않는다면, 친구로 삼을 만한 가치가 없는 사람이다.

그러므로 당신의 충고를 듣지 않는 사람이라면, 미움을 받아 멀어지는 것이 더 낫다.

-법구경 77

당신에게 보물이 있는 곳을 가르쳐주는 사람

자신은 자각하지 못하는 성격의 결함을 지적해주고, 정신을 번쩍 들게 해주는 사람은 마치 감춰진 보물이 있는 장소를 알려주는 사람과도 같다.

그런 사람을 만나 자신의 문제점이 가차없이 지적되면, '아야, 아야!'라며 아파하거나 피하고 싶어질지도 모르지만 그런 사람과는 친구가 되어라.

단점까지 모두 관통해 볼 정도로 당신을 이해할 수 있는 사람을 친구나 반려자로 삼는다면, 함께 향상될 수 있다.

-법구경 76

이런 사람과 함께 지내라

자신의 내면을 응시하지 않고 마음속 진리를 외면하려는 사람
과는 친하게 지내지 마라.
자신의 마음을 바라보지 않고 적당히 살아가려는 사람과는 어
울리지 마라.
항상 자신의 마음을 감시하고, 향상되려는 사람과 친구나 반려
자로 친하게 지내라.
마음이 맑은 사람과 함께 있어라.

-법구경 78

제 六 장

행복을 알다

소유물에 집착하지 않는다

나는 소유물에 집착하지 않는다.

그런 까닭에 만약 좋은 옷을 잃어버렸다 하더라도 '몇날 며칠을 찾아다녔는데 못 찾았어. 어떻게 해.'라며 조바심을 내지 않는다.

고로 나는 행복하다.

-상응부경전

성과에 집착하지 않는다

나는 또한 성과에 집착하지 않는다.

그런 까닭에 '씨를 뿌렸는데 올해는 흉년이라서 아주 조금밖에 수확을 못했어. 어쩌나.'라며 번뇌를 만들어내지 않는다.

혹은 열심히 일을 했음에도 좋은 평가를 받지 못해 '아아, 세상 사람들은 보는 눈이 없어.'라며 괴로워하지 않는다.

고로 나는 행복하다.

-상응부경전

음식에 집착하지 않는다

나는 음식에 집착하지 않는다.

그런 까닭에 음식이 떨어져도 '어떻게 해, 빨리 사야 하는데.'와 같은 고통을 만들어내지 않는다.

음식이 많을 때도 적당량만 먹기 때문에 '큰일 났다. 고민 때문에 과식을 했더니 괴로워.'라는 고통이 결코 생기지 않는다.

고로 나는 행복하다.

-상응부경전

잠 잘 곳에 집착하지 않는다

나는 잠자리에 집착하지 않는다.

그런 까닭에 벼룩이나 이가 득실거리는 이부자리에서도 만족스럽게 편히 잠들 수 있다.

푹신푹신한 이불이 아니라고 '오늘밤은 잠자리가 뒤숭숭해.'라며 불편해하는 일도 없다.

언제 어디서나 상쾌하고 편안하게 잠들 수 있다.

고로 나는 행복하다.

—상응부경전

자식에게 집착하지 않는다

나에게는 라훌라라는 아들이 있지만 아들에 대한 집착은 없다.
아이에게 많은 공부를 하게 한 다음 '아이가 제대로 못해서 화
가 나.'라며 성에 차지 않는다고 날카로운 신경을 드러내지 않
는다.
아이를 기르는 데 많은 돈을 썼다며 '해준 만큼 돌려받겠다.'
는 빚쟁이 같은 생각으로 초조해하는 일도 없다.
고로 나는 행복하다.

―상응부경전

동료에게 집착하지 않는다

나는 동료에게 집착하지 않는다.

그런 까닭에 동료가 아침부터 나에게는 물어보지도 않고 음악을 들어도 '이 음악을 좋아하지 않는 걸 알면서 왜 이런 음악을 듣는 거지?'라며 짜증스러운 아침을 맞이할 걱정이 없다.

고로 나는 행복하다.

—상응부경전

돈벌이에 집착하지 않는다

나는 돈과는 인연이 없는 생활을 한다.

그런 까닭에 '만약 돈이 없어지면 어쩌나.'와 같은 걱정은 전혀 하지 않는다.

혹은 공허함에 쫓겨 '돈으로 모든 걸 내 마음대로 할 거야.'라는 궁핍한 마음이 생기지 않는다.

고로 나는 행복하다.

─상응부경전

나보다 나은 사람과
함께 지낸다

자신보다 더 마음이 혼란스러워서 나쁜 영향을 받을 수 있는 사람과는 정중히 대하되 친하게는 지내지 마라.

마음이 깔끔히 정돈되어 있어서 함께 있기만 해도 자연히 좋은 영향을 받을 수 있는 사람과 친하게 지내라.

이것은 최고의 행복이다.

그런 뛰어난 사람을 존경하고 선물할 때의 즐거운 마음.

이것이 최고의 행복이다.

— 경집 259

분수에 맞는 곳에서 산다

부자인 척 뽐내려고 수입에도 맞지 않는 최고급 주택에 살거나,
사람을 오만하게 만들어 번뇌를 늘리는 화려한 저택에 살거나
하면, 마음이 불안정해진다.
분수에 맞는 곳에 정착해 지극히 평범하게 사는 것.
이것이 최고의 행복이다.

-경집 260

안심하고 지낸다

몸으로 행하는 행동,

입에서 뱉는 말,

마음속에서 하는 생각이

부정적인 방향으로 폭주하지 않도록 잘 이끌어가는 것.

이것이 최고의 행복이다.

지금까지 마음속에 선업의 에너지를 많이 쌓아왔다면 앞으로

남은 인생도 안심할 수 있을 것이다.

이것이 최고의 행복이다.

−경집 260

기술을 익혀서 사람들에게
도움이 된다

'나는 어엿한 사람이 되었다.'라며 잘난 체하는 일 없이,

널리 많은 사람들의 이야기를 듣고,

언제나 배움을 게을리 하지 마라.

이것이 최고의 행복이다.

살아가는 데 도움이 되는 기술을 익혀 다른 사람을 돕는 것.

이것이 최고의 행복이다.

-경집 261

천천히 몸에 밴
기품이 감돈다

마음의 예절이란 금방 몸에 익힐 수 있는 것이 아니다.

오랜 시간을 들여 천천히 마음의 예절을 익히면, 교만해지지 않고 다른 사람에 대한 험담을 하거나 난잡한 동작을 하지 않음으로써, 자연스럽게 기품이 풍긴다.

이것이 최고의 행복이다.

−경집 261

가족을 소중히 여긴다

지금까지 무상으로 당신을 보살펴준 부모에게 빚을 진 것이므로, 부모에게 잘 하고 은혜를 갚는 것은 정신적인 빚을 깔끔히 청산하는 일이다.

빚을 갚고 자립하는 것, 이것이 최고의 행복이다.

아내 혹은 남편의 뒷바라지를 하고 아이를 보살피기 위해서라도, 마음을 흐트러뜨리지 말고 일에 열중하면, 거기서 보람을 얻게 될 것이다.

이것이 최고의 행복이다.

가족을 소중히 여기는 마음의 여유를 갖는 것.

이것이 바로 최고의 행복이다.

−경집 262, 263

인색한 자신을 극복한다

'이건 내 돈이야. 아무한테도 주지 않을 거야.'라는 인색함을 줄이고 마음이 편해지려면, 소유한 것에 대해 집착을 버리고 다른 사람과 나눠라.

자신도 모르게 그만 맛있는 음식을 혼자 먹고 싶더라도, 모두와 함께 나눠먹으면 더 즐거울 것이다.

누군가에게 줄 선물을 사려다 가격을 보고 머뭇거려지더라도, 그 사람을 위해 선물을 사면 마음이 기쁠 것이다.

이렇게 '인색함'을 극복하고 자신을 이겨라.

이것이 최고의 행복이다.

—경집 263

원인과 결과의 법칙을 의식한다

마음의 원인과 결과의 법칙성을 깨닫고, 고통스러운 결과를 초래하는 원인이 되는 부정적인 생각에서 벗어나 행동하라. 이렇게 해서 기분 좋은 결과를 얻어라.

이것이 최고의 행복이다.

자신의 행동이 비난 받을 일이 아니라고 당당하게 말할 수 있을 만큼 아무것도 속이지 않고 행동하는 것.

이것이 최고의 행복이다.

−경집 263

말과 행동을 잘 통제한다

몸으로 하는 행동에 있어서, 살생이나 불륜과 같이 고통을 배가
시키는 행위에서 멀어지는 것.

입에서 나오는 말에 있어서, 험담이나 소문, 자기자랑이나 거짓
을 말하지 않는 것.

마음속에서는 욕망으로 인해 생겨난 망상이나 분노로 불필요한
상상을 하지 않는 것.

마음의 명석함과 집중력을 떨어뜨리는 음주를 자제하고, 마음
을 단련함으로써 끊임없이 성장해가는 것.

이것이 최고의 행복이다.

–경집 264

만족의 기쁨

마음이 정돈된 사람을 존경하고, 교만하지 않으며, 누구에게나 정중할 것.

이것이 최고의 행복이다.

'지금, 이곳이 아닌 다른 곳.' 또는 '지금, 여기에는 없는 무언가'에 집착하면서 항상 '좀 더 좀 더'를 외치며 불안정하게 방황하는 것을 멈추고, '지금 여기에 있는 지극히 평범한 것과 지극히 평범한 사람'에 만족하면서 따뜻한 마음으로 충만해 있을 것.

이것이 최고의 행복이다.

이제까지 다른 사람들에게 받아온 은혜를 떠올리고, 거기에 보답하려는 밝은 마음이 용솟음치는 것.

이것이 최고의 행복이다.

마음의 법칙에 대한 가르침을 듣거나 읽음으로써, 무심코 잊을 뻔했던 진리를 계속 마음에 새김으로써 성장해가는 것.

이것이 최고의 행복이다.

—경집 265

마음을 닦는 기쁨 1

싫은 일을 겪어도 참고 견딜 수 있고, 마음에 상처를 입지 않는 강인함을 몸에 익힐 것.

이것이 최고의 행복이다.

귀가 따끔한 말을 들어도 자신을 좋은 방향으로 바꾸는 데 도움이 되는 내용이라면 자존심을 버리고 받아들일 것.

이것이 최고의 행복이다.

마음을 닦고자 할 때, 본받을 만한 수행자를 만나 배우거나, 좋은 시기에 마음의 구조에 대해 이야기를 나눌 수 있는 상대가 있는 것.

이것이 최고의 행복이다.

-경집 266

마음을 닦는 기쁨 2

스스로 지키고자 하는 마음의 규칙을 만들어,
집중력을 높이고자 하는 노력과
자기 관찰력을 높이기 위한 노력을 하라.
이런 노력을 통해 심신의 고통이 만들어지는 구조를 꿰뚫어 보
고, 고통을 줄여나가면 마음에 평온이 찾아온다.
이것이 최고의 행복이다.

-경집 267

좋을 때나 나쁠 때나
흔들리지 않는다

유익한 소식을 듣거나 만사가 순조롭게 진행될 때에도 들뜨지
마라.

나쁜 소식을 듣거나 역경 앞에 서게 될 때에도 나약해지거나 좌
절하지 마라.

어떤 상황에서도 흔들리거나 부정적으로 생각하지 않고, 마음
의 소란에서 벗어나 평온히 있을 수 있는 것.

이것이야말로 최고의 행복이다.

-경집 268

언제 어디서 무슨 일이 있든
행복할 수 있다

마음이 안정되어 있고 평온하다면,

그 어떤 곳에서, 그 무슨 일이 일어나도

마음이 꺾이는 일 없고, 마음이 상처 받는 일도 없으며,

좌절하지 않는다.

그런 까닭에 어디에 있더라도 마음이 행복할 것이다.

이것이 바로 최고의 행복이다.

-경집 269

제七장

자신을 알다

자신의 좋지 않은 부분은
잘 보이지 않는다

다른 사람의 좋지 않은 것은 매우 잘 보이고 자꾸 지적하고 싶은 마음이 든다. 하지만 잘 보이지 않는 것은 당신 자신의 좋지 않은 부분일지 모른다.

자신은 '좋은 사람'이라고 생각해도, 실제로는 다른 사람에게 억지 선의를 베풀고 있을지 모른다. 진심으로 잘못을 빌 생각이었지만, 실제로는 용서를 받지 못하면 금방 화를 내는 위선자일지도 모른다.

이렇게 '뒤틀어진 자신의 본성'은 자기 눈에 잘 보이지 않는다.

다른 사람의 문제를 지적하는 경우, '다른 사람의 문제를 정확히 지적할 수 있으니까 나는 아무런 문제가 없다.'라고 착각하기 때문에, 자기 자신의 문제점은 감춰지게 된다.

마치 도박에서 주사위를 던졌을 때 자신에게 불리한 수가 나오면 손을 써서 바꿔버리는 도박꾼처럼.

−법구경 252

자신의 내면으로 눈을 돌려라

자신의 내면을 응시하면 몽롱했던 의식을 올바로 깨울 수 있다.

'아, 지금, 게으름을 피우고 싶은 욕구가 생겼다.'

'아, 지금 상사에 대한 분노가 생겼어.'

'어라, 분노가 사라졌다.'

'이것 봐, 이번에는 어리광을 부리고 싶은가봐.'

'지금은 막연하게 불안해.'

의식이 자신의 내면을 향해 있고, 이에 대해 항상 깨어있다면, 혼란스러운 마음은 정돈되고 명확해진다.

-법구경 21

진정한 자유에 도달한 사람

내면의 변화를 응시하고, 끊임없이 자기 자신과 대면하는 사람
은 수행자라고 불러도 된다.

자신의 내면을 항상 감시하는 사람은 머지않아 마음의 평온과
자유에 이르게 된다.

생존 본능에 지배당하면서 무의식의 폭주를 방치해온 노예와
같은 상태에서 벗어나 진정한 자유에 이르게 되는 것이다.

-법구경 23

사람을 험담하는데
몰두하는 이유

어리석게도 자신을 뒤에서 조종하는 무의식의 명령을 깨닫지 못하고, 어두운 마음에 조종당하는 걸 깨닫지 못하는 사람은, 자신의 내면 깊은 곳이 얼마나 더러워져 있는지조차 알지 못한다. 오히려 이런 진실을 보고 싶지 않기 때문에 자신의 내면에서 눈을 돌리려고 애를 쓴다.

내면에서 눈을 돌리기 위해서는 다른 사람을 험담하거나, 영화나 게임, 드라마의 세계에 빠지거나, 좋아하는 음악이나 사상에 의존한다.

마음의 자유를 얻고자 하는 사람은 자신을 지배하는 의존증이나 혐오감의 정체를 밝혀내서 깨뜨릴 수 있도록, 자신의 내면을 감시하고 내면 깊은 곳을 탐색하는 데 전념해야 한다.

-법구경 26

오락이나 쓸모없는
이야기에 열중하는 이유

자신의 내면을 감시하는 일을 게을리해서 자신을 속이는 오락이나 쓸모없는 이야기에 집중하지 말라.

그것들이 가져다주는 표면적인 즐거움에 굴하지 않고, 자신의 내면에서 '지금 무슨 일이 일어나는지'를 감시하는 수행자는 머지않아 마음의 평온에 도달한다.

-법구경 27

술을 마시면 안 되는 이유

자신의 내면을 감시하고 통제할 수 없게 만드는 원인, 즉 술을 마시는 것에는 여섯 가지 단점이 있다.

1. 술을 마시면 돈이나 음식비가 든다.
2. 자기제어능력이 무뎌져 다른 사람과 다투기 쉬워진다.
3. 장기에 손상을 줘서 질병의 원인이 된다.
4. '술을 자제할 수 없는 사람'이라는 이미지가 생겨서 신뢰가 떨어진다.
5. 성욕에 쫓겨 바람을 피우거나 불륜을 저지르기 쉽다.
6. 뇌신경의 연결에 이상이 생겨 지적능력이 쇠퇴한다.

−장부경전 '육방예경'

당신을 괴롭히는 것은

당신을 괴롭히는 감정, 즉 이뤄질 수 없는 것을 구하려는 욕망
과 계속 반복되는 분노는 다른 사람이 아닌, 당신 자신의 몸과
마음에서 생겨난다.

좋거나 싫다는 어리광이든, 공포에 흠칫 놀라는 것이든, 당신의
몸과 마음이 만들어낸다.

쓸데없는 많은 생각이나 망상도, 당신 자신의 몸과 마음에서 생
겨나 당신의 마음을 붙잡고 괴롭힌다.

그렇다. 마치 아이들이 장난으로 까마귀를 잡아 내던지며 괴롭
히는 것처럼.

―경집 271

번뇌를 전부 태워버리는 불

멍하게 있으면 마음은 어느새 다른 사람에게 의존하게 되거나, 방금 전까지 의욕적이던 일이 왠지 갑자기 싫어지는 식으로 날뛰게 된다.

마음이 제멋대로 날뛰지 못하도록 내면을 감시하는 사람은, 잠깐 한눈을 팔면 마음이 제멋대로 폭주할 위험이 있다는 것을 안다.

폭주하는 번뇌에 마음이 속박당할 것 같으면, 그때마다 내면을 감시하는 힘의 불로 지긋이 작은 번뇌를 태워버리고, 큰 번뇌 또한 모두 태워버리고 앞으로 나아가라.

－법구경 31

자기 마음의 주인이 되어라

당신 마음의 노예가 아니라,

당신 마음의 주인이기를.

당신야말로 당신 자신이 마지막으로 기댈 곳이다.

자신 이외의 어느 것에도 의지하지 말고

자신의 마음을 다스려라.

마치 정성스럽게 망아지를 길들이는 것처럼.

—법구경 380

마음이 평온한 날의 이유

자기 스스로 자신을 격려하고,
자기 스스로 자신에게 충고하라.
그렇게 자기 스스로 자신을 지키고,
자신의 내면을 응시하면,
당신은 항상 평온한 마음으로 살아갈 수 있다.

—법구경 379

쉬운 길을 택한 사람

창피를 모르고 다른 사람을 곤란하게 하는 사람.

모이를 여기저기 흩트리는 까마귀처럼 뻔뻔한 사람.

자기주장을 밀어붙이며 막무가내로 난폭한 사람.

마음은 작은데 마치 왕처럼 거만하게 구는 사람.

'얼마나 고귀한 사람이길래?'라고 묻고 싶을 정도로 교만한 사람.

그들은 마음을 정진하는 어려운 길을 버렸다.

타락해가면서 고통을 늘려가는,

쉬운 길을 택한 것이다.

-법구경 244

어려운 길을 택한 사람

창피를 알고 감정의 폭주를 통제하는 사람.

마음의 욕망, 분노, 미망이라는 '세 가지의 독'을 희석시키려고 노력하는 사람.

집착을 살포시 내려놓는 사람

무심코 거만하게 행동하려는 오만함을 재빨리 버리려고 노력하는 사람.

고통 없이 상쾌하게 하루를 보내려고 노력하는 사람.

자신의 마음을 관찰하는 사람.

이들은 자신의 마음과 싸워서,

고통을 없애가려는 긴 모험의 길을 일부러 택했다.

그러므로 인생살이는 힘들지만 도전하는 보람이 있다.

-법구경 245

부처의 가르침의 정수 1

욕망, 분노, 미망이라는 이름의 악을 만들지 않고,
마음을 깨끗하고 맑게 정화해서 성격을 개선해가는 것.
간결하게 정리하자면,
이 정도가 깨달은 자(부처)들이 전하는 가르침의 정수이다.

—법구경 183

부처의 제자가 되기 위해서는

'더 이상은 안 돼.'라는 큰 역경에 직면해도, 온갖 비난을 받아도 참고 견뎌내는 것. 이것은 당신의 온화함을 길러주는 가장 좋은 시련이 된다.

마음의 안정이야말로 최고로 가치 있는 것이라고, 모든 부처는 입을 모아 말한다.

안정을 버리고 다른 사람에게 상처를 주거나 고뇌하게 만든다면, 당신은 타락하고 말 것이다.

−법구경 184

부처의 가르침의 정수 2

다른 사람을 나쁘게 말하지 않고 상처를 주지 않는다.

스스로 '이렇게 해야지.'라는 마음의 규칙을 정하고, 자신을 확고하게 통제한다.

식사는 너무 많지도 않고 너무 적지도 않게 적당량을 먹는다.

혼자 조용히 일어나서, 마음의 성장, 즉 성격을 개선하는 데 힘쓴다.

한마디로 정리하자면, 이 정도가 깨달은 자들이 전하는 가르침의 정수이다.

-법구경 185

번뇌를 다 태워버릴 불을 지펴라

향을 피워 좋은 향기가 감돌게 하거나, 액운을 막는 의식을 하
거나, 호마(護摩)의 불을 피워서 의식을 치뤘다고, 마음이 정화될
것으로 믿지 말라.
이는 단순한 겉치레에 지나지 않는다.
나는 호마의 불을 피우거나 하는 대신에
마음의 내부에 강렬한 불을 지핀다.
마음속에 꺼지지 않는 불을 피워,
항상 정신을 집중하면서
망설이지 않고 번뇌를 모조리 태워버리려고 노력한다.

—상응부경전

제八장

몸을 바라보다

허무하게 망가지기 쉬운
신체라는 성城

마치 대단한 것처럼 '자아'라든가 '인간'이라는 이름으로 떠받들어지는 당신의 몸은, 결국 뼈와 힘줄로 틀을 잡고 근육과 피부로 표면을 덮어 만들어놓은, 망가지기 쉬운 성에 지나지 않는다.

그 피투성이의 성 안에는 시시각각으로 세포가 노화되는 노화 현상과 세포가 죽는 사멸 현상과, 자신을 실제보다 멋지다고 착각하는 자기애와 당신이 거짓말을 하고서 숨겨둔 외로운 비밀 등이 빼곡히 채워져 북적거린다.

−법구경 150

고작 이것밖에 할 수 없는
신체라는 성城

외관상으로는 걷고, 서고, 앉고, 잔다.

내적으로는 근육이 이완되거나 수축된다.

얼핏 보기에 훌륭해 보이는 당신의 몸으로 할 수 있는 것은

궁극적으로 고작 이 정도뿐이다.

−경집 193, 194

신체의 겉모습에 집착하는
어리석음

신체는 뼈와 힘줄로 틀을 잡은 뒤 근육과 피부로 덮여있다.

신체의 내부는 피부에 덮여있어서 보이지 않기 때문에, 당신은

'피부가 깨끗하다.' '피부가 거칠다.' 등 표면에 집착하게 되고,

'머리가 빠졌어.' '이런 데 털이 났어.' 등의 쓸데없는 것 때문에

마음을 흐트러뜨린다.

그 표면의 안쪽에 감춰져 있는 것은 단순한 고깃덩이에 지나지

않다는 것을 깜박 잊고서.

-경집 195, 196

신체의 내면을 체감한다

피부 속에 감춰져 있는 신체의 안쪽에 의식 센서를 향하게 해서
명상의 대상으로 삼는다면, 신체에는 위나 장과 같은 장기들이
빼곡히 들어차서 간, 방광, 심장, 폐, 신장, 비장이 꿈틀거리고
있는 것을 느낄 수 있을 것이다.
게다가 신체 안에는 콧물, 침, 땀, 지방, 피, 담즙, 기름 등이 질
척하게 분비되고 있는 것도 확실히 느낄 수 있다.

-경집 196, 197

신체의 현실을 본다

피부로 감춰져 있는 안쪽을 잘 관찰해보면 결코 깨끗하다고 말할 수 없는 몸.

체취를 풍기는 이 신체를 우리 인간은 애지중지하며 지키려고 매달린다.

몸속에는 여러 가지 오물들이 가득 차 있으며, 꾸물꾸물 흐르면서 여러 가지 구멍을 통해 배출된다.

피부 속에 이렇게 많은 오물을 숨기고 있으면서, 나 자신은 위대하다거나 아름답다며 거만하게 굴고, 때로는 '저 사람은 안 되겠군.'이라고 트집을 잡는다. 그렇다면 당신은 현실을 똑바로 볼 능력이 없는 어리석은 자일 뿐이다.

-경집 205~207

신체의 악을 가라앉힌다

몸이 근질근질 쑤셔 부질없는 짓을 하려는 마음을 눈치채고 가라앉혀라.

몸의 난폭한 움직임을 느긋하게 제어하라.

신체의 악.

예를 들어 살생하는 것, 물건이나 아이디어를 훔치는 것, 바람을 피우는 것, 술에 의존하는 것.

이렇게 몸이 근질거리지 못하도록 신체를 조절해서 긍정적인 것을 행할 수 있도록 하라.

-법구경 231

171

제九장

자유로워지다

맹목적으로 믿어서는 안 될
열 가지 경우

많은 사람들이 '내가 말하는 것은 옳고, 저 사람의 말은 틀리다.'고 말하기 때문에, 누구 말이 옳은지 알 수 없는 경우가 많을 것이다. 다른 사람에게 속고 세뇌를 당해 자유를 잃지 않으려면 다음에 주의하라.

1. '누가 당신에 대해 이렇게 말했어요.'라는 말을 들어도 확인하기 전까지는 믿지 마라.
2. '이 나라는 예전부터 이렇게 했기 때문에'라고 전통을 들먹여도 무조건 믿지는 마라.
3. 그것이 유행하고 있고 평가가 좋더라도 무조건 믿지는 마라.
4. 성전이나 경에 적혀 있다고 해서 무조건 믿지는 마라.
5. 실제로 확인하지 않는 억측을 들어도 무조건 믿지는 마라.
6. 옳은 것처럼 보이는 '00논리'나 '00주의'에 의한 것이라 해도 무조건 믿지는 마라.
7. 상식에 맞는 내용이라도 무조건 믿지는 마라.

8. 자신의 의견과 맞더라도 '나도 그렇게 생각해요.'라고 무턱대고 믿지는 마라.

9. 상대의 복장이 화려하거나, 직업이 좋거나, 태도가 정중해도 그들의 겉모습에 현혹되어 무조건 믿지는 마라.

10. 상대가 비록 자신의 스승일지라도 맹목적으로 믿지는 마라.

-증지부경전 '칼라마경'

쾌감에 의존하기 때문에
고통이 시작된다

모든 고통은 무언가에 의존하는 것에서 비롯된다.

예를 들어 '좋아하는 사람이 나에게 잘해줬을 때의 쾌감'에 의존하면 조금이라도 잘해주지 않는다고 느낄 때마다 고통이 생기고 관계가 더 나빠진다.

혹은 일에서 목표를 달성했을 때의 쾌감에 의존하게 되면 달성한 순간의 짜릿함이 사라진 후에는 공허함이 생겨난다.

어리석은 자는 이것저것 번갈아가면서 다른 것에 의존하면서 뇌내의 마약을 분비시켜 스스로 고통에 다가간다.

괴로움이 생겨나는 원흉을 간파했다면 더 이상 무언가에 의존하지 않도록 해서, 뇌내의 마약이 빠져나가도록 느긋하게 기다리기를.

−경집 728

영적인 존재나 사람에게
의존하지 않는다

고민의 위협을 받아 마음의 안정이 사라지면 사람은 신을 믿고 거기에 의존하려 한다. 혹은 이상한 교주를 믿거나, 혹은 수호신을 믿거나 떠받들며, 혹은 영적인 나무를 숭배하거나 의지하려 한다.

이런 '영적인' 것들에 의존하거나 '영적인' 사람에게 세뇌를 당해서 현실을 외면하고 잠깐 동안의 안심을 얻으려고 한다.

그러나 그것들은 안심하고 의지할 수 있는 것들이 아니다.

당신이 이런 영적인 것에 의존하면 자유를 빼앗기고 세뇌를 당할 뿐인데, 번뇌를 낳는 마음의 구조는 변하지 않기 때문이다.

-법구경 188, 189

마음, 이 제어하기 어려운 것

마음이라는 것은 '해야지.'라고 생각했다가 금세 '아냐, 안 할래.'라고 바로 변덕을 부리거나, '좋다.'고 생각했다가 '착각이었어.'라며 우왕좌왕한다.

'휴대폰만 만지면서 시간을 함부로 쓰는 건 이제 멈춰야지.'라고 생각했다가도, 무심코 '그 사람한테 왜 연락이 안 오지.'라며 마음의 혼란은 계속된다.

마음은 이렇게 대단히 통제하기가 어렵다.

또한, 쾌감이라는 마약을 바라는 욕망의 명령대로 끌려 다니기 때문에 마음에게는 자유가 없다.

마음을 감시하는 의식의 센서를 날카롭게 갈고 닦아 이 쾌감과 불쾌감에 끌려 다니는 마음을 통제하라. 마치 화살을 만드는 장인이 휘어진 화살을 똑바르고 멋지게 만드는 것처럼.

-법구경 33

자신의 마음으로부터
자유로워진다

부정적인 감정에 사로잡힐 때. 예를 들어 '지금까지는 어쩌다 잘 되었지만 이번 일이야말로 실패하는 건 아닐까.'라는 불안감에 지배를 받을 때.

당신의 마음은 물에서 건져진 물고기가 팔딱팔딱 버둥거리는 것처럼, 싫은 감정에서 벗어나려고 발버둥을 친다. 하지만 발버둥을 치면 칠수록 더욱 싫은 감정의 지배를 받는 부자유 속에 던져진다.

생각대로 움직여주지 않고 멋대로 움직이는 마음.

이 마음을 붙잡는 것은 이렇게 쉽지 않아서, 알지 못하는 사이에 금세 '좀 전과는 다른 생각'이나 '좀 전과는 다른 감정'을 만들어내어 당신을 농락할 것이다.

이런 불량배와도 같은 마음을 가라앉히고 조절하는 연습을 하라. 마음을 조절하고, 생각대로 다룰 수 있게 되면, 자유와 더불어 느긋한 평온을 얻게 될 것이다.

-법구경 34

쾌감과 불쾌감에서
자유로워진다

눈에 보이는 것, 귀로 들리는 것, 코로 맡아지는 것, 혀에 느껴지는 맛, 몸 안에서 느껴지는 신체 감각, 마음에 와 닿는 생각. 이 여섯 가지의 정보가 당신에게 접촉할 때 멍하니 있으면, 당신은 자신도 모르게 '멋진 소리구나.'라는 쾌감을 느끼며 음악에 마음을 뺏긴다. 아니면 '싫은 것을 떠올렸어.'라며 불쾌감을 느끼고, 기분이 나빠질 수도 있다.

하지만 이는 모두 쾌감이나 불쾌감의 지배를 받는 것이다. 쾌감과 불쾌감의 신경신호에 지배를 받으면, 유전자가 명령하는 대로 운명에게 농락을 당해 사도(邪道)에 굴러 떨어져, 자유를 잃은 노예가 되고 만다. 그러나 여섯 가지의 정보가 당신에게 접촉해 오는 입구를 잘 감시하면, 자동적으로 쾌감과 불쾌감의 정보처리를 막을 수 있다. 눈, 귀, 코, 혀, 몸, 사고의 여섯 가지 문에 정보가 접촉할 때마다 마음을 통제하면, 그 정보에 농락당하지 않고 자유가 당신의 손에 남게 될 것이다.

-경집 736, 737

지식에서 자유로워진다

내면을 응시하는 힘과 집중력, 침착함과 같은 능력을 기르려고
노력을 하는 대신에, 지식을 늘리려고 하는 것은 어리석은 자라
는 증거이다.

철학, 정치학, 경제학, 심리학, 문학, 다양한 언어 등의 지식을
무모하게 늘리면, 주기억 장치에 불필요한 정보가 가득 차서 혼
란스러워질 뿐이다.

'애써 배운 것이니 다른 사람에게 자랑하고 싶다.'거나 '애써 배
운 거니까 사용해보고 싶어.'와 같이 지식에 집착이 생기면 자
신도 모르게 지식의 지배를 받게 될 것이다. 그러면 지식의 필
터를 통해서만 사물을 느끼게 되어 어느새 불행해진다.

머리를 혼탁하게 만드는 간교한 지식의 필터를 떠나 사물을 있
는 그대로 느껴라.

-법구경 72

타인의 찬성과 반대에서
자유로워진다

아무리 바람이 거세게 불어와도, 산은 결코 흔들리지 않는다. 그런 산에게 배운다면, 다른 사람에게 '싫은 녀석'이라고 비난을 받아도, '멋진 사람'이라고 추켜세워져도, 가볍게 흘려듣고, 마음이 흔들리지 않도록 평정을 유지하라.

비난을 받고 고통스러우면 마음은 제멋대로 날뛰어 자유를 잃고, 추켜세워져 우쭐해지면 마음이 흐트러져 자유를 잃게 된다.

비난의 바람이 불어와도, 산처럼 바람을 받아넘기면 마음은 무한히 자유로워질 것이다.

-법구경 81

쾌감과 고통에서
자유로워진다

내면의 소리에 귀를 기울이기 위해 의식의 센서를 연마하고 있다면, 욕망이 생기면 괴로워진다는 것을 깨닫고, 욕망을 살포시 내려놓을 것이다.

'그거, 지금 말하지 않아도 좋아.'라고 생각할 수도 있는 자기 자랑을 욕망 때문에 말하고 싶어졌다고 하자. 그 욕망 때문에 심신이 불쾌해져있다는 것을 깨닫는다면, 하찮은 잡담을 멈추는 품위가 생길 것이다.

'쾌락을 얻고 싶어. 고통은 싫어.'라는 욕망을 내려놓았다면, 당신의 마음은 안정될 것이다.

누군가의 친절에 쾌감을 느껴도, 들뜨지 않을 것이다.

누군가의 냉랭한 태도에 상처를 받아도, 그 고통에 낙담하지 않을 것이다.

이렇게 하면 당신의 손에는 쾌감과 고통의 지배를 받지 않는 자유가 남게 될 것이다.

-법구경 83

나의 말조차도
의존하지 마라

강을 건너려고 뗏목을 만들어서 강을 건넜다. 그리고는 '이 뗏목은 아주 쓸모가 있었으니 버리지 말고 짊어지고 가자.'라고 생각했다고 하자.

그러나 그런 짐을 떠안는다면, 너무 무거워 제대로 걸을 수 없게 될 것이다.

그것이 업적이든, 학력이든, 경력이든, 모두 이 뗏목과 같다.

내가 하는 말도, 가르침도, 진리조차도, 그 뗏목에 지나지 않으니, 당신이 나의 가르침을 다 사용했다면 미련 없이 버리고 가라.

−중부경전 '뱀의 비유경(蛇喩經)'

공空이라는 자유

돈이나 물건 같은 재물을 늘리는 일에 집착하지 않고, 최적의 식사량을 의식의 센서로 정확히 인식해서 과식하지 않아 몸이 가볍고, 마음은 속박을 받지 않는다. 이런 '공(空)'의 상태가 되면, 그 자유는 무색투명해서 다른 사람은 쉽게 볼 수 없다.

마치 하늘을 자유롭게 날아다니는 새가 지나간 자취는 투명해서 눈에 보이지 않는 것처럼.

다른 사람에게 보이지 않고 이해하기 어렵다 해도 '공'의 상태가 되면 자기 자신을 이길 수 있다.

-법구경 92

제十장

자비를 배운다

만약 과거에 죄를
저질렀다 하더라도

당신이 과거에 수천 명의 사람을 잔인하게 살해하고, 희생자들의 손가락을 모아 실로 엮어 목걸이를 만드는 살인귀였다고 하자. 이런 죄를 저지른 당신은 수행에 수행을 거듭한 끝에 깨달음을 얻게 되었다.

그런 당신이 난산으로 고통을 겪고 있는 아낙내를 보고, '고통스러워하는 걸 보니 불쌍하네.'라며 동정심을 느낀다면, 다가가서 이렇게 말하라.

'나는 지금까지 고의로 살생한 적이 단 한 번도 없다오.'

만약 이 말이 거짓처럼 느껴진다면 이렇게 다시 말하라.

'나는 깨달음을 얻고 인생을 변화시킨 후로 지금까지, 고의로 살생한 적이 단 한 번도 없다오.'

이 불살생의 진실로 말미암아 아이를 순산할 수 있기를.

-중부경전 '앙굴리말라경'

모든 생명은
죽고 싶어 하지 않는다

이 세상 모든 생명체는, 예를 들어 물벼룩이 되었든 박테리아가 되었든, 기린이든 쥐든 개든 새우든 개미든 아귀든 바이러스든 인간이든 쥐며느리든 날다람쥐든, 모두 공격당하는 것을 두려워한다. 이처럼 모든 생명체는 죽음을 면하려는 생존 본능에 지배를 받으면서 몸부림친다.

당신도 역시 '죽고 싶지 않다'는 생각을 가슴 깊은 곳에 갖고 있다.

'사실 다른 모든 생명체들도 나와 같은 생각을 하겠지'라고 눈을 감고 생각해보면, 어떤 미물이라도 고의로 살생하지 말며, 그렇게 죽도록 해서도 안 된다.

—법구경 129

다른 생명도 당신처럼 자신을 사랑스럽게 생각할 줄 안다

나는 일찍이 '나 자신'보다 사랑스러운 것을 찾아, 온 세상을 돌아다녔지만, '나 자신'보다 더 사랑스러운 것을 그 어디에서도 찾을 수 없었다.

그것은 다른 사람도 마찬가지다.

사람이든 동물이든 세균이든 간에, 모든 생명체는 '자기 자신'이 가장 사랑스러운 법이다. 이렇게 모든 생명체는 자기를 사랑한다. 그러므로 자신을 사랑한다면 다른 생명체에 상처를 입히지 마라.

―자설(自說, 우다나)

이런 것으로 장사를 하지 마라

다음 다섯 가지의 물건을 팔아 장사하지 말라. 이는 곧 당신을
위함이 될 것이다.

칼이나 폭탄, 전투기 등과 같은 무기.
사람.
동물을 살생해서 얻어진 고기.
술.
독이나 마약 등과 같이 중독성이 있는 약물.

다른 생명체를 해하는 악업을 쌓지 않고 자비로운 마음으로 사
고 팔 수 있는 종류를 선택하라.

－증지부경전

모든 생명이 평화롭기를

안정적이지 못하고 이리저리 분주하게 움직이는 생명체든,
안정적이며 온화한 생명체든 모두가 평온하기를.
혹은 매우 크고 작은 것까지, 크기의 구별 없이 모든 생명체가
평온해지길.
본 적이 있는 생명체든, 지금까지 본 적 없었던 생명체든 구별
없이 모두 평온하기를.
이미 생을 부여받아 늙은 생명체든, 앞으로 태어나려는 어린 생
명체든, 모든 생명체는 평온하라.

－경집 146, 147

모든 생명에 자비를 베풀어라

사람을 속이지 마라.

언제 어떤 경우든, 상대가 누가 되었든, 다른 사람을 가볍게 대하지 마라.

분노에 마음을 빼앗겨 서로를 괴롭히지 않도록 하라.

마치 어머니가 자식을 '오냐 오냐.'하면서 상냥하게 보듬어주듯,

모든 생명체에 대해 한없는 자비를 베풀어라.

-경집 148, 149

모든 것을 차별하지 말고
상냥한 마음으로 대하라

자기 위에 있는 것에 자비의 마음을 베풀고,

자기 아래 있는 것에 자비의 마음을 향하고,

자기 옆, 앞뒤, 좌우에 자비의 마음이 향하도록 하여,

맺힌 감정 없이,

차별 없이,

원망 없이,

적개심 없는 자애의 마음을 보내도록 연습하라.

—경집 150

잠자는 시간 이외는 항상 자비의 마음을 챙긴다

멈춰 있을 때든,

걷고 있을 때든,

앉아있을 때든,

누워있을 때든,

잠들지 않았다면,

항상 자애의 마음챙김을 유지할 수 있도록 하라.

이는 브라흐마 신의 경지와 같다.

－경집 151

제십일장

깨닫다

더 이상
다시 태어나지 않는다

한 생이 끝났다고 생각했으나, 또다시 태어나 이번에는 또 다른 생이 시작된다. 이렇게 반복되는 건 너무 고달프다.

죽으면 몸, 신경, 기억, 충동, 의식이라는 오온은 뿔뿔이 흩어진다. 이 흩어진 부분을 다시 짜 맞춰서, 인생이라는 가옥을 다시 짓는 흑막 뒤에 감춰진 너는 누구인가?

나는 그 정체를 간파하지 못해 몇 번이고 몇 번이고 다시 태어났다.

인생의 흑막이여,

너의 정체가 '더 갖고 싶어. 더 갖고 싶어, 부족해 부족해!'라며 소동을 치는 생존 본능이라는 걸 이제 나는 간파했다. 그래서 네가 다시 태어나기 위해 재료로 쓰는 번뇌도, 무지도, 전부 파괴해 버렸다.

나는 다음에 죽으면 다시 태어나지 않으리.

내 마음은 환생을 되풀이하게 하는 충동에서 벗어나 고요하다.
왜냐하면 생존 본능을 멸하고 부처가 되었으므로.

-법구경 153, 154

모든 사상과
철학을 버린다

내게는 '내 생각은 ○○다.'라는 사상이 없다.
그 어떤 사상에 집착한다 해도 집착은 고통만을 낳기 때문이다.
나는 모든 생각과 사상이 마음을 어지럽힌다는 것을 깨달았기
에, 그 어떤 생각에도 집착하지 않는다. 그 모든 철학과 사상을
버리고, 명상을 통해 내면의 안식처를 찾아냈으므로.

-경집 837

사소한 좋고 싫음에 대한
집착을 버린다

당신이 사소한 취향에 집착해서 지혜를 잃게 된다면, 선정(禪定)
의 힘은 사라진다.

그 선정의 힘을 잃은 뒤 불안해한다면, 맑게 관통해서 보는 지
혜도 사라진다.

그러나 선정과 지혜를 얻는다면, 당신의 마음은 평온해질 것이다.

-법구경 372

좌선으로
번뇌의 불꽃을 끈다

모든 것은 불타오른다.
맹렬히 타오른다.

당신의 눈은 불타고 있다. 당신의 시각은 불타고 있다.
당신의 귀는 불타고 있다. 당신의 청각은 불타고 있다.
당신의 코는 불타고 있다. 당신의 후각은 불타고 있다.
당신의 혀는 불타고 있다. 당신의 미각은 불타고 있다.
당신의 몸은 불타고 있다. 당신의 촉각은 불타고 있다.
당신의 마음은 불타고 있다. 당신의 사고는 불타고 있다.

이것들은 무엇 때문에 타는 것일까.

욕망의 불길에 불타고,
분노의 불길에 불타고,
미망의 불길에 불타고,

오감과 마음을 계속 자극하여 마음을 안정시킬 여유도 없는 화염지옥.

당신이 좌선을 통해 이 불을 끈다면, 마음과 신체 속에서 깊은 평온을 찾아낼 것이다.

—상응부경전

'지금 이 순간'에
마음을 전념한다

과거를 회상하며 슬퍼하지도 말고, 또한 미래를 공상하면서 넋을 놓지도 말고, 오직 '지금 이 순간'에만 마음을 전념한다면, 얼굴에는 생기가 돌고, 근심과 걱정도 순식간에 사라진다.

그러나 '작년 여름은 즐거웠는데.'라든가, '다음 주에는 그를 만날 수 있을까.'라고 생각하면서, 과거와 미래라는 비현실에 마음을 빼앗긴다면, 이윽고 몸과 마음은 녹초가 될 것이다. 마치 베어진 후 시들어가는 풀처럼.

―상응부경전

세상은 모두 흔들리고 변해간다

마음이 만들어내는 눈앞에 펼쳐진 세상에는 그 어디서도 기댈
곳을 찾을 수 없을 것이다.

자세하게 바라보면, 이 세상 모든 것은 진동하고 계속 흔들리면
서 움직이는 것. 그런 것에는 의지할 수 없는 노릇이다.

나는 일찍이 안식처를 찾아 온 세상을 돌아다녔지만, 변하지 않
고 편히 쉴 수 있는 곳은 그 어디에도 없었다.

－경집 937

제행무상 諸行無常

제행무상, 즉 우주 만물은 항상 돌고 변한다.

이것도 사라져가고, 저것도 사라져가고, 그것들 또한 사라져간다.

물질과 마음을 지배하는 모든 에너지는, 세밀히 관찰하면,

한순간도 안정되어 있지 않고, 붕괴되거나 새롭게 생성된다.

게다가 맹렬한 속도로 되풀이하면서 요동친다.

그러므로 붙들고 늘어질 곳은 그 어디에도 없다.

만약 당신이 명상으로, 이것을 뱃속에서부터 강렬하게 몸으로 느낀다면, 번뇌에서 벗어나 마음의 안정을 얻게 될 것이다.

-법구경 277

제법무아 諸法無我

제법무아, 즉 세상만물은 내 소유가 아니다.

이것이든 저것이든 그것이든.

어떤 심리현상이든 물리현상이든,

그 모든 것은 내 것이 아니다.

또한 몸이 되었든, 감각이 되었든, 기억이 되었든, 의도가 되었든, 의식이 되었든, 마찬가지로 내 것이 아니다.

만약 당신이 명상으로, 이것을 뱃속에서부터 강렬하게 몸으로 느낀다면, 번뇌에서 벗어나 마음의 안정을 얻게 될 것이다.

−법구경 279

일체행고一切行苦

일체행고, 즉 이것도 고통, 저것도 고통, 모든 것이 고통이다.
물질과 마음을 지배하는 모든 충동 에너지는,
모두 고통에 지나지 않는다.
즐겁다고 뇌가 착각하는 것조차 고통이라고 한다면,
모든 집착에는 의미가 없다.
만약 당신이 명상으로, 이것을 뱃속에서부터 강렬하게 몸으로
느낀다면, 번뇌에서 벗어나 마음의 안정을 얻게 될 것이다.

-법구경 278

괴로움은 성스러운 진리

고통은 성스러운 진리.

사람은 태어날 때 고통에 겨워 울부짖는다.

그리고 매 순간마다 세포가 붕괴된다.

노화현상도 고달프다.

또한 여러 가지 부조화가 체내에서 은밀히 진행되는 것도 괴롭다.

이윽고 신체는 붕괴된다.

죽음에 직면하는 것도 고통이다.

생 · 로 · 병 · 사, 모든 것이 고통이다.

—장부경전 '대념처경'

원증회고 怨憎會苦

살아있는 한 당신은 반드시, 보고 싶지 않은 광경, 듣고 싶지 않은 소리, 역겨운 향기, 역겨운 맛, 불쾌한 촉각, 그리고 불쾌한 생각에 사로잡히고, 고통의 신경을 자극한다.
게다가 당신의 업은 반드시 당신을 싫어하는 사람들을 불러오고, 그들과 함께 있을 때마다 괴로움이 엄습해올 것이다.
그것이 만고의 진리다.

–장부경전 '대념처경'

애별리고 愛別離苦

'보고 싶을 때' 보지 못하고,

'듣고 싶을 때' 듣지 못하고,

'먹고 싶을 때' 먹지 못하고,

'만지고 싶을 때' 만지지 못하고,

'떠올리고 싶을 때' 떠올리지 못하고,

그럴 때마다 당신 안에서는 괴로움의 신경자극이 빠져나간다.

―장부경전 '대념처경'

구부득고 求不得苦

손에 넣을 수 없는 비싼 꽃일수록 실제보다 더 아름답게 보이면서 욕망을 자극한다. 만약 손에 잡힐 것 같지도 않고, 존재하지도 않는 그 '아득한 무언가'를 동경한다면, 그 고통의 신경 자극으로 인해 견디지 못할 것이다.

실현 불가능한 소원의 대표적인 예는 다음 네 가지이다.

'태어나고 싶지 않았는데.'

'늙고 싶지 않아, 영원히 아름답고 싶어.'

'병에 걸리고 싶지 않아.'

'죽고 싶지 않아.'

이런 소원을 빌 때마다, 괴로움이 당신의 몸과 마음을 아프게 한다.

—장부경전 '대념처경'

오온성고 五蘊盛苦

이 몸과,

쾌감, 불쾌감을 전달하는 신경조직과,

과거를 축적하는 기억장치와,

심신의 전자기 에너지와,

정보입력 기능.

당신을 만드는 데 필요한 다섯 가지의 모든 부품은 고통 덩어리
이다.

―장부경전 '대념처경'

고통을 낳는 태엽 인형

당신이 몸과 마음속에서 자각하지 못하는 부분이 있다. 그 어둠에서 무의식적인 충동의 에너지가 솟아오르고, 그 충동으로 인해 의식이 폭주한다. 이로써 몸과 마음이 움직이기 시작한다.

그런 다음 눈, 귀, 코, 혀, 몸, 마음의 여섯 가지 문으로부터, 다음에 무엇을 느낄지 결정한다. 그 결정이 끝나면, 무자각적으로 감각기관에 정보가 속속 전달되고, 뇌에서는 쾌락과 불쾌라는 신호가 발생한다. 쾌와 불쾌를 자각하지 못함으로써 '쾌 → 욕망'과 '불쾌 → 분노'라는 반응이 일어난다. 그리고 이 반응은 정형화되고 집착으로 변한다.

자신의 반응 패턴에 자각하지 못함으로써, 특정한 패턴이 당신을 지배하고 '정체성'이라는 착각을 만들어낸다. 이 고집스러운 에너지는 새로운 당신을 만들고, 당신은 다시 늙고, 이윽고 죽음으로써, 온갖 괴로움을 연쇄적으로 만들어낸다.

—장부경전 '대념처경'

고통의 원흉에 대한
성스러운 진리

고통의 원흉은 생존 본능의 명령을 받아, 머릿속에서 쾌감의 뇌
내 마약을 계속 발산하려고 한다. '갈애'라는 저주이다.
'○○한 내가 되고 싶어.'라고 착각하게 하고,
'○○한 내가 싫어.'라며 자신을 부정하면서 몸부림칠 때마다,
뇌내 마약이 솟아나서, 당신을 중독에 이르게 한다.

−장부경전 '대념처경'

괴로움을 소멸하는
성스런 진리

가슴에 뻥 하고 뚫린 결핍감의 블랙홀,

즉 갈애(渴愛)를,

구석구석까지 소멸시키면,

모든 괴로움도 일시에 사라진다.

—장부경전 '대념처경'

제십이장

죽음과 마주하다

언젠가는 죽음이 찾아온다

당신도 언젠가는 신체가 붕괴되고 죽음이 찾아올 것이다.

그때가 오기 전에 당신에게 말해야 할 것이 있다.

'갖고 싶어, 너무 갖고 싶어, 부족해!'라고 말하는 욕망을 내려놓고 평온을 찾아라.

그리고 과거부터 지금까지 쌓아온 기억에 대한 집착을 버리고, 아주 가뿐하게, 지금 이 순간에 불필요한 생각을 하지 말고 살아라.

그리하면 매사를 긍정적으로 볼 수 있고 마음도 매우 부드러워질 것이다.

-경집 849

만약 죽는다면

당신의 꿈속에서, 침대 위에 매우 아름다운 연인이 누워 있고, 그리고 눈부시게 아름다운 사랑 이야기가 전개된다 해도, 잠에서 깨어나면 그 아름다운 연인과는 더 이상 만날 수 없다.

그러면 '당신을 위해 음식을 만들었어요.'라는 연인의 말에도 더이상 기뻐할 일도 없고, 그저 잠이 덜 깬 눈을 비비면서 울려대는 자명종 시계를 끄고, 슬슬 일하러 떠나야 한다.

이렇게 꿈에서 깨어나는 것처럼, 죽으면 당신의 소중한 사람들과는 두 번 다시 만날 수 없다.

-경집 807

죽을 때 갖고 갈 수 있는 유일한 것

먹을 것도, 돈도, 귀금속도, 그 어떤 소유물도, 당신이 죽을 때는 가져갈 수 없다. 마찬가지로 당신의 하인이든, 부하든, 혹은 당신의 영향 아래에 있던 사람이든, 당신이 죽을 때는 어느 누구도 데려갈 수 없다. 죽을 때는 모든 것을 잃는다.

죽을 때 유일하게 손에 남는 것은 당신이 일생동안 행동해 온 신체의 업과 말로 했던 업과 마음으로 생각했던 업, 단지 그것뿐이다.

그리고 당신은 그 과보만을 받아 여정을 떠난다. 마치 그림자가 사람을 따라다니듯, 업은 당신을 항상 쫓아다닌다. 그런 까닭에 생각과 말과 몸을 가다듬고, 미래를 대비해 선업을 쌓도록 하라. 선업은 미래의 당신에게 있어 유일한 재산이 될 것이니.

—상응부경전

죽음의 명상을 한다

사람이 되었든, 고양이가 되었든, 물고기가 되었든, 닭이 되었든, 사마귀가 되었든, 귀뚜라미가 되었든, 살아있는 것의 사체를 발견하면, 죽음을 명상하는 기회로 삼아라.

들판에 죽어 조금씩 부패가 진행된 사체.

가스에 의해 팽팽히 부어오른 검푸른 사체.

체액이 줄줄 흘러나오는 사체.

조각으로 변해버린 백골뿐인 유해.

그것들을 발견하면 '무서워.' '싫다.' '슬퍼.'라는 조건반사 대신, 당신의 몸과 사체를 비교해서 생각해보라. '내 몸도 이 사체와 같은 물질로 이뤄져 있다. 그러므로 나도 죽으면 그와 같이 된다. 나는 반드시 죽을 테니까.'라고.

이렇게 죽음을 명상함으로써 생존 본능의 속박에서 벗어나라.

−장부경전 '대념처경'

당신도 언젠가는 죽는다

진공을 깨뜨리는 거대한 바위산이 전후좌우로부터 들이닥친다.
도저히 도망갈 길은 없다. 이와 같이 늙으면, 죽음은 모든 생명
체의 전후좌우를 압박하듯 들이닥친다.

왕이 되었든, 승려가 되었든, 서민이든, 노예든, 혹은 노예든,
누구든 간에, 죽음은 피할 수 없으며, 늙으면 항상 죽음이 찾아
온다. 코끼리 등에 올라타서 전장을 누빈 용맹스런 군인일지라
도, 늙으면 죽음 앞에서는 이길 수 없다. 책략을 써도, 돈의 힘
을 빌려도, 늙으면 죽음에 이길 비책은 없다.

당신은 확실하게 죽는다.

—상응부경전

내가 죽는 것도 자연스런 일

내가 죽는 것도 자연스러운 일이다.

나는 이제 늙고 쇠하였고. 이미 여든에 이르렀다. 예를 들어 낡은 수레가 가죽 끈에 묶여 겨우 움직이듯, 내 몸 역시 선정(禪定)의 힘으로 보강하여, 겨우 유지될 뿐이다.

이미 죽음은 내 앞에 와 있다. 그러므로 당신은 내게 의존해서는 안 되고, 자신을 등불삼아 다른 무엇에도 의존하지 말고, 힘차게 나아가도록 하라. 오로지 당신의 신체를 바라보고, 당신의 감각을 바라보고, 당신 마음을 응시하고, 마음의 법칙을 응시하면서.

내가 죽음에 이르면, 당신들은 이렇게 슬퍼할지 모른다. '더 이상 스승을 만날 수 없다. 슬프다.'라고. 하지만 그럴 필요 없다. 내가 당신들에게 전해준 법과 생활의 규범이, 내가 가고 난 후 바로 너희의 스승이 되리니.

—장부경전 '대반열반경'

이 세상에 영원한 것은 없다

나는 반드시 곧 죽는다.

그러나 당신은 슬퍼할 필요도, 한탄할 필요도 없다.

나는 지금까지 몇 번이나 말해왔다.

'반드시, 그리고 확실하게, 사는 동안, 혹은 죽을 때, 찢어지듯
이별하고, 모든 것은 변해간다.'고.

이미 생을 부여받은 것. 존재하는 것. 만들어지는 것.

이것들은 모두 흩어질 운명이므로, '흩어지면 안 돼!'라는 억지
가 통할 리 없다.

이 세상에 영원한 것은 아무것도 없고, 내 생명 또한 영원하지
않기에, 이제 그것을 살포시 놓으려 한다.

그것이 지극히 자연스러운 일이므로.

—장부경전 '대반열반경'

유언

모든 것은 순간순간, 시시각각 흩어지고
조금씩 소멸해간다.
그러니 이 순간을 헛되이 보내지 말고,
게으름 없이 정진하도록 하라.

이것이 죽음을 앞에 두고 당신들의 스승으로서 남기는,
마지막 유언이다.

—장부경전 '대반열반경'

부처의 생애

부처가 아직 '해탈자(부처)'로 불리기 이전, 그러니까 지금으로부터 약 2550년 전이다. 그는 샤카족의 숫도다나 왕과 마야 왕비의 사이에서 왕자로 태어나, 고타마 싯다르타로 불렸다.

샤카국은 강대국인 코살라국과 마가다국 사이에 낀 약소국가였다. 그가 태어났을 때, 고명한 선인이 '이 아이는 머지않아 전 인류의 왕이 될 것이다.'라고 예언을 했다. 말을 들은 부왕은 매우 기뻐했다고 한다. 또한 원시 불전에는 부처가 태어나자마자 두 다리로 걸으면서, '천상천하 유아독존'이라고 말했다고 기록되어 있지만, 이는 부처를 신격화하려는 픽션이므로 여기서는 다루지 않겠다.

어린 부처는 아버지의 큰 기대를 받으며, 어린 시절부터 영재교육을 받아 스승을 능가하는 재주를 발휘하기도 했다. 또한 제왕으로서 갖춰야 할 무술과 병법도 익혔으며, 어학과 종교학에서도 발군의 실력을 발휘했다.

이렇게 순조롭게 출발한 듯한 부처의 생애에, 어느 날 어두운 그림자가 드리워졌다. 태어난 지 몇 개월이 지나지 않아 모친을 잃고 만 것이다. 산후 회복이 나빴기 때문인 듯, 왕비는 왕자를 낳고 얼마 지나지 않아 병에 걸려 죽고 말았다.

그래서 부처는 이모 마하프라자파티의 품에서 자랐다. 그러나 태어나자마자 친어머니와 어쩔 수 없이 이별해야 했기에, 심리적으로 어머니에 대한 그리움과 마음속에 공허한 그림자를 간직한 채 성장하게 되었다. 게다가 어머니의 따뜻한 보살핌 대신, '위대한 왕이 되기 위해서는 강해져야 한다.' 혹은 '현명해야 한다.'는 아버지의 압박을 받고 자랐다. 이렇게 어린 시절부터 애정 대신 압박을 받으며, 엘리트로 자란 그의 마음속에는 공허함이라는 구멍이 생겼던 것이다. 이런 영향 때문인지, 그는 뛰어나면서도 근심에 곧잘 잠기는 감상적인 소년으로 성장했다.

그는 16세 때, 종매인 야쇼다라와 결혼했고, 옛 권력자들에게는 흔한 일이었던 여러 명의 후비도 있었다. 그래서 사람들은 그가 다양한 '쾌락'을 지속적으로 제공받을 수 있는 환경에서 자란 것으로 억측하곤 한다.

그러나 지나친 쾌락에 빠져 사는 날들이 행복했을까?

내가 기억하기로 부처는 소년 시절, 여러 가지 '욕망'의 충족을 통해 쾌감을 느끼는 신경을 자극하면서, '행복해지는 방법'에 대한 실험을 했다고 한다. 예를 들어 '쾌락 A를 제공 → 잠시 흥분 상태 → 곧 흥분이 잠잠해짐'이나 '쾌락 B를 제공 → ……', '쾌락

C를 제공 → ……, '쾌락 Z를 제공……'과 같은 실험을 했던 것으로 추측된다.

그리고 그는 마침내 이 실험을 통해 알게 되었다. '욕망의 실현을 위해 쾌락을 계속 제공하면, 그 쾌감은 뇌 속에서 잠깐 일어날 뿐, 금세 사라지고 공허해져 마음이 더 삭막해지는 것 같다. 그러므로 행복하다고 말할 수 없다는 것'을.

그는 호사스러운 생활을 하는 한편, 바라문교의 학문을 배우거나, 요가를 하면서 명상에 몰두했는데, 명상수행에 의한 정신통일은 그의 특기였다. 그것을 바탕으로 그는 인간의 마음속에 존재하는 공허함과 쓸쓸함, 그리고 생로병사의 고통을 극복하는 길을 탐구하기 시작했다.

야소다라 부인이 라훌라를 낳은 해에 그는 큰 결심을 했다. 만약 '이 아이를 양육하면서, 가정만을 돌본다면 내 출가 결심이 늦어질지도 모른다'는 초조함 때문이었는지 모른다. 그때 부처의 나이 29세였다. 결국 그는 야소다라와 갓 태어난 라훌라와 샤카국을 버리고 출가를 했다. 뛰어난 후계자로서 기대를 했던 아버지가 알게 되면 반대할 것이 자명하니, 몰래 빠져나가 수행에 몰두했다.

그 당시 인도에는 비상한 명상법이 있었고, 많은 사람들이 대가들 밑에서 제자가 되어 수행을 하고 있었다. 그리하여 부처는 고명한 명상의 대가였던, 알라라 칼라마 문하에 들어갔다. 원래 선정삼매 명상이 특기였던 부처는 알라라 칼라마 스승의 선정 훈련을 끝까지 완수하고, 비법을 전수받았지만 그래도 만족할 수 없었다. 그래서 당시 인도에서 최고의 선정을 가르치던, 웃다카 라마풋타의 제자로 들어가 수행에 수행을 거듭하여, 결국 최고 단계인 정신통일에 이르게 된다.

그러나 눈을 감고 집중력을 최고까지 올려서, '무아의 경지'에 들어가도, 좌선을 풀면 다시 마음이 혼란스럽고, 현혹되고, 화가 되살아났다. 분명 강력한 정신통일에 의한 일시적인 마음의 안정은 그를 크게 성장시켰다. 그러나 부처의 목적이었던, 마음속에서부터 괴로움의 원인을 제거하기에는 무언가 부족했다.

그래서 그 '무언가'를 찾기 위해 스승의 곁을 떠나, 당시 인도 수행 세계의 유행이었던 '고행'에 몰두하기 시작했다. 며칠 동안 단식하기, 물구나무선 채로 자지 않고 명상하기, 물속에 잠겨 숨을 참은 채로 명상하기 등.

이렇게 부처는 매일매일 육체를 고통스럽게 하여, '고통'의 발생 과정을 연구했다. 즉 자기 자신을 실험대로 삼아, 불쾌감에 대해 심신이 어떤 반응을 하는지를 관찰한 것이다. 예를 들어 '며칠간 단식으로 고생했다면 몸은 이런 반응을 할 것이고, 마음은 죽고 싶지 않다고 두려워하는 반응을 할 것이다. 혹은 신체를 한계 상황까지 몰아넣으면, 혈압은 이렇게 되고 호흡은 저렇게 변할 것이다.'라는 식의 반응을 관찰했다.

그의 29년간의 삶이, 마음에 '쾌감'만을 줘서 어떤 반응이 일어나는지에 대한 실험이었다면, 그 후 6년에 걸친 '고행'의 시간은 마음에 '불쾌감'만을 줬던 실험이라고 할 수 있다.

그러나 아무리 심신에 불쾌한 신경자극을 계속 주어도, 점점 쇠약해져만 갈 뿐, 고통을 넘어 열반의 단계에 이를 수는 없다는 걸 깨달았다. 즉, 처음 29년에 걸친 연구가 실패로 끝난 것처럼, 그 후 6년간의 연구도 실패로 끝난 것이다. 결국 그는 뼈와 가죽만 남을 정도로 쇠약해져 죽음 직전의 상태에 놓였다.

그가 그렇게 해서 겨우 알아낸 것은, 공허함을 채우는 '무언가'는 고행으로는 찾을 수 없다는 것이었다. 아사 직전까지 간 그는 스자타라는 마을 처녀에게 발견되어 우유죽을 공양 받았다. 마침내 '고행'은 무익하다는 것을 깨달은 부처는, 단식을 그만두기로 하고, 죽을 한입씩 먹으면서 서서히 체력을 회복해 나갔다.

그러나 고행과 단식을 멈춘 부처에게 수행 동료들은 '패기가 없는 놈'이라며 비난하며 떠나버렸다. 그렇지만 그는 다른 사람이 뭐라고 하든지 신경 쓰지 않았고, 보리수나무 아래에서 좌정하여 선정에 들어갔다. 그리고 정신을 한곳에 집중해 깊은 명상에 들어갔다.

선정에 깊이 집중한 상태에서 자신의 마음을 응시하면, 마음의 구조가 무의식의 깊숙한 곳까지 내다볼 수 있어서, 그곳에 숨어 꿈틀거리는 일그러진 마음을 다스릴 수 있다. 이렇게 몸과 마음을 조종하는 법칙성을 깨달아 해탈한 고다마 싯다르타는 '부처'가 되었다. 그때 그의 나이 35세였다.

그러나 부처가 경전에서 고백한 것처럼, '내가 깨우친 내용은

이 세상의 욕망과 화로 가득 찬 사람들에게는 받아들여질 수 없을 것이고, 도저히 이해할 수도 없을 것이다. 그냥 이대로 계속 가만히 있을까?'라고 얼마 동안은 망설였다고 한다.

하지만 부처는 잠시 망설인 끝에 '내 가르침을 이해할 수 있는 사람도 있을 것이다.'며, 일전에 자신을 버리고 떠난 5명의 수행 동료에게 최초로 설법을 하려고 했다. 그러나 그들은 냉담한 태도로 대했다. 그런 그들을 향해 부처는 '나는 지금까지 단 한 번도 스스로 해탈자라고 한 적이 없다는 것을 당신들도 기억할 것이다. 그런 내가 스스로 깨달음을 얻었다고 하니, 당신들은 뭔가 이유가 있을 거라고 생각하지 않는가?'라고 하면서, 그들의 흥미를 불러일으키는 데 성공했다.

귀를 기울인 5인에게 부처는 고통을 멸하려면, 마음의 탐욕을 모조리 불태워야 한다고 소리 높여 선언했다. 그리고 부처가 구성한 삶의 실천방법, 즉 중도(中道)로써의 팔정도(八正道)와 사성제(四聖諦)에 대해 설법했다.

이리하여 다섯 수행승들이 부처의 제자가 되었고, 그 중에서도 특히 콘단냐는 제일 먼저 깨달음을 얻었다. 이 사건 이후로, '스승'으로서 부처의 인생이 시작되었다. 그리고 제자들에게 전해졌기 때문에, 자신의 깨달음을 이해하는 사람들도 생겨났다.

이후 45년간의 생애 동안, 부처는 인도 전역을 돌아다니면서, 계속적으로 제자를 지도하고 괴로워하는 사람을 위해 상담을 하며 살았다. 초기에는 소수의 사람들을 상대로 조심스럽게 활

동했지만 제자들은 자꾸만 늘어났다.

이렇게 제자의 수가 늘어나서 행복했을까? 짐작하건대 반드시 그런 것만은 아니었던 것 같다. 부처의 명성을 듣고 찾아온 사람들이 점점 늘어남에 따라 제자들의 수준도 다양해졌다.

부처의 초기 제자들은 제자가 되기 전부터 꽤 수준이 높았기에, 지도하는 데 어려움이 덜했다. 그러나 사람 수가 천 명, 오천 명, 만 명으로 점점 늘어났을 때는, '가난하고 생활이 어려우니 우선 부처의 제자가 되어 밥이라도 빌어먹자.'라는 생각으로 제자가 된 사람들도 있었다. 그들은 서로 논쟁을 하거나 다투고 마을 사람을 현혹시키는 등 여러 가지 문제를 일으켰다.

처음에는 아무런 규율도 필요 없이 평화롭게 돌아다니던 부처와 제자들도, 어쩔 수 없이 집단이 거대해지면서 엄한 규칙을 제정할 필요가 있었다. 게다가 사람 수가 늘어나면서 다른 종교 지도자들이 질투하고 박해하는 일도 늘어났다. 특히 부처가 물벼룩이든, 모기든, 왕자든, 서민이든, 노예든지, 모두 평등하게 대했고, 차별을 완전히 부정했기 때문에 더욱 반감을 샀다.

그 당시나 지금이나 인도에서는 카스트 제도가 엄격히 사회를 지배하고 있었다. 그 제도의 가장 위에 있는 카스트 신분인 바라문교 사제의 반감을 산 부처는 수많은 험담과 괴롭힘에 시달리게 된다.

부처가 제자들에게 '비난을 받아도 칭찬을 받아도 그것에 동요하지 마라.'라고 반복적으로 해왔던 말에는 이런 배경도 있었을 것이다. 그는 아무리 비난을 받아도, 도발하지 않고 흐트러짐이 없었다. 오히려 그런 기품 있는 태도에 부처의 평판이 높아졌을지도 모른다.

어느 날 한 바라문교 사제가 부처에게 다가와, '바라문교를 그만둘 테니 제자로 삼아줬으면 한다.'라고 부탁하기도 했다. 이에 대한 부처의 반응은 내가 보기에는 굉장해 보였다. 부처는 '당신은 바라문교 사제로서 신자들에게 의식을 거행하는 종교적인 일을 하고 있다. 만약 그 일을 내던지고 내게로 온다면 무책임한 일이 될 것이다. 지금의 일을 계속하면서, 쉬는 날에 내게 명상을 배우러 오라.'고 말했다.

이를 계기로 부처의 가르침을 받기 위해 다른 종교를 부정할 필요가 없다는 것을 간파할 수 있다. 그리고 간접적으로 부처의 가르침은 종교가 아니라는 것도 알 수 있다.

만약 부처의 가르침이 '종교'라면, 그것을 실천하는 데 다른 종교는 방해가 될 것이다. 왜냐하면 종교라는 것은 '오직 이것만이 진리'라고 말하기 때문이다. 그런데 그가 가르치는 것은 마음을 다스리기 위한 심리학과 훈련방식이다. 그것은 종교적인 색채를 지니지 않기 때문에, 바라문교든 자이나교든 이슬람교도든 누구든지 활용할 수 있다.

결국 인도에서 부처의 교단은 더욱 확대되어갔고, 부처의 가르침을 들으러 오는 사람들 중에는 대국 마가다국왕 빔비사라를 비롯해 정치적인 거물까지 있었다. 또한 고향 샤카국 사람들도

부처를 사모하여 제자로 들어왔고, 고향에 두고 온 아들 라훌라
도 제자가 되었다.

하지만 부처의 남은 인생도 수많은 고행의 연속이었다. 뛰어난
제자였던 데바닷타가 선정을 통해서 수신통을 얻은 후 교만해
져서, 교단을 분열시키려고 시도하기도 했다. 원시 불전에서는
데바닷타가 부처를 죽이려고 위에서 바위를 떨어뜨렸다고 지어
냈을 정도이다. 비록 그가 아주 못된 악인처럼 기록되어있지만,
실제로는 부처 이상으로 엄격한 생활을 했던 수행자였다. 그는
부처에게 예로부터 전해오는 엄격한 수행방식으로 돌아가자고
제안했지만, 부처가 거절했기 때문에 자신을 따르는 동료들을
데리고 교단을 나왔다는 것이 역사적인 사실인 듯하다.

그리고 부처가 가장 신뢰했던 2대 제자인 사리풋타와 목갈라
나마저 병으로 죽어, 부처를 슬프게 하는 일도 있었다. 특히 사
리풋타를 후계자로 생각하고 있던 부처의 상심은 매우 컸을 것
이다.

부처가 이렇게 숱한 시련과 고난을 극복하면서 80세의 나이에
입멸할 때, 시자인 아난다를 비롯해 아직 깨달음을 듣지 못한
제자들은 동요하며 슬퍼했다. 부처는 그런 미숙한 제자들을 위
해 입멸 전까지 스승으로서 설법을 계속했다.

'당신들은 슬퍼할 필요가 없다. 내가 이렇게 흩어져가듯이, 모
든 것은 순간순간 산산이 부서져 조금씩 소멸한다. 언젠간 당신

들의 몸도 흩어진다. 그렇기 때문에 한순간도 허비하지 말고 정진하라.'

이렇게 자신의 죽는 모습조차 본보기로 삼아, 제자들을 격려하는 모습을 보면 마음이 찡하다. 이리하여 모든 사람들의 스승이 된 부처는 80세가 되는 해에 생을 마감했다.

부처의 생애는 여기까지이다. 하지만 그 후 어떻게 현재 우리들이 알고 있는 '불교'로 이어졌을까? 이 부분도 요약해서 설명하겠다.

부처의 사후 '드디어 위대한 스승으로부터 해방되었다.' '이로써 자유로워졌다.'라며 기뻐하는 제자를 보고 있던 장로 마하카사파는 교단의 결속을 도모하기로 했다.

우선 깨달음을 들었던 제자들만 모아, 부처가 정했던 '규율'을 재확인하고, 그것을 담당자에게 통째로 암기하도록 했다. 부처가 오랜 세월에 걸쳐서 설파해온 '경(經)'을 그의 제자였던 아난다가 기억해내고, 부처의 말씀을 확인하면서, 담당자가 통째로 암기할 수 있었다.

그러나 시간이 흘러 그렇게 정한 규율을 둘러싼 논쟁이 벌어졌다. '세세한 규율을 시대 변화에 맞춰서 유연하게 바꾸는 편이 좋다.' '왜냐하면 부처도 입멸 전에 세세한 규율은 바꾸라고 했으니까.' 혹은 '아니다, 부처가 정한 규율을 바꾸다니 절대로 안 된다.'는 논쟁이 이어졌다.

이리하여 교단은 처음으로 혁신파와 보수파로 분열하게 되었고, '마하상기카(혁신파)'와 '테라와다(보수파)'의 2개 분파로 갈라졌다. 두 종파 모두 부처를 숭배하면서 신격화하는 방식으로 불교 교단을 형성해왔으며, 그 과정에서 경전도 종파마다 입맛에 맞게 고쳐 쓰였다고 한다.

그 후에도 이들 종파는 새로운 변화를 만들어내고 갈라져 나와, 시대와 지역에 맞게 종파별로 'ㅇㅇ종' 'ㅇㅇ파' 등을 만들어냈다. 특히 혁신파는 시대와 지역에 맞춰 다양한 방식으로 꽃을 피웠다. 일본에는 '대승불교'라는 종파가 성덕태자 시대에 유입되었다. 그 후 계속해서 일본의 독자적인 자연관과 종교관이 융합된 다양한 종파가 생겨났다.

이 지구를 조망해보면, 나라마다 지역마다 정말로 다양한 '불교'가 꽃을 피우고 있다. 나는 어떤 특정 종파를 찬양할 생각은 없지만, 부처의 말 속에는 불교가 이만큼 다양하게 꽃을 피울 수 있는 힘과 유연성이 깃들어 있다고 생각한다.